高等院校通识教育
新形态系列教材

U0390241

概率论与
数理统计
／微课版

张先君 谢巍 王帮容／主编

李柳芬 陈华飞 白利军 陆卫国／副主编

人 民 邮 电 出 版 社
北 京

图书在版编目（ＣＩＰ）数据

概率论与数理统计：微课版 / 张先君，谢巍，王帮
容主编. -- 北京：人民邮电出版社，2022.7
高等院校通识教育新形态系列教材
ISBN 978-7-115-59468-6

Ⅰ．①概… Ⅱ．①张… ②谢… ③王… Ⅲ．①概率论
－高等学校－教材②数理统计－高等学校－教材 Ⅳ.
①O21

中国版本图书馆CIP数据核字(2022)第100470号

内 容 提 要

本书是在教育部高等学校大学数学课程教学指导委员会指定的非数学专业"概率论与数理统计"课程教学基本要求的基础上，按照全国硕士研究生统一招生考试的考试大纲要求，结合编者多年的教学实践经验编写而成的. 本书共 8 章，内容包括随机事件与概率、随机变量及其分布、多维随机变量及其分布、随机变量的数字特征、大数定律与中心极限定理、统计量与抽样分布、参数估计和假设检验. 每章、每节后附有相应的习题.

本书可作为高等学校理工类、经济和管理类等专业"概率论与数理统计"相关课程的教材或参考书，也可作为全国硕士研究生统一招生考试的辅导用书，还可作为概率论或数理统计爱好者的自学用书.

- ◆ 主　编　张先君　谢　巍　王帮容
　　副主编　李柳芬　陈华飞　白利军　陆卫国
　　责任编辑　刘　定
　　责任印制　王　郁　陈　犇
- ◆ 人民邮电出版社出版发行　　北京市丰台区成寿寺路 11 号
　　邮编　100164　电子邮件　315@ptpress.com.cn
　　网址　https://www.ptpress.com.cn
　　三河市君旺印务有限公司印刷
- ◆ 开本：787×1092　1/16
　　印张：10.75　　　　　　　　2022 年 7 月第 1 版
　　字数：240 千字　　　　　　 2022 年 7 月河北第 1 次印刷

定价：39.80 元

读者服务热线：(010)81055256　印装质量热线：(010)81055316
反盗版热线：(010)81055315
广告经营许可证：京东市监广登字 20170147 号

概率论与数理统计是研究自然界和人类社会中的随机现象统计规律的数学分支. 概率论与数理统计的理论及方法与数学的其他分支, 以及自然科学、人文社会科学各领域相互交叉渗透, 已经成为这些领域中的基本方法.

本书可供高等院校理工类、经济和管理类等非数学专业学生学习使用.

本书特色如下.

1. 优化知识结构, 突出编排重点

在本书编写过程中, 编者对国内外近年来出版的同类教材进行了比较和分析, 在知识大纲构建、内容组织和例题配置上广泛调研, 对概率论与数理统计知识结构进行了适当的优化. 本书概率论部分(第 1~5 章)着重强调一维随机变量和二维随机变量两部分内容, 随机变量的数字特征归纳总结在同一章(第 4 章), 大数定律与中心极限定理单独成章, 数理统计部分(第 6~8 章)着重强调参数的点估计和区间估计, 假设检验作为课外参考选学.

2. 降低知识难度, 侧重知识应用

结合新工科的特点, 本书注重概率论与数理统计知识在实际中的应用, 弱化不必要的证明或推导过程, 更新例题. 在满足基本教学要求的前提下, 通过适当减少理论推导, 对部分性质和定理进行简化, 便于初学者学习, 也使全书内容更简洁、直观. 对选学内容加 * 号标识, 如条件分布.

3. 习题丰富多样, 兼顾考研需求

本书在每节后配有相应的习题, 每章设有综合性较强且难度高于节后习题的总习题, 其中包括与该章相关的考研真题, 真题前均标有年份. 本书习题量较大, 覆盖不同难度层次, 既便于教师进行分层教学, 也可满足各类学生的不同学习需求.

4. 系统归纳总结, 支持线上教学

每章的知识点以思维导图的形式呈现, 方便学生理解和掌握知识脉络. 编者对每章的定义、定理、例题等重点内容、难点录制了微课, 学生扫码即可观看.

　　本书共 8 章, 第 1 章和第 6 章由王帮容编写, 第 2 章和第 7 章由张先君编写, 第 3 章和第 8 章由李柳芬编写, 第 4 章由陈华飞编写, 第 5 章由白利军编写, 附录由张先君修订. 张先君、谢巍负责设计本书的整体框架和编写思路. 本书的编写得到四川轻化工大学工程数学教学中心全体教师的大力支持和帮助, 在此表示衷心的感谢!

　　限于编者的水平, 疏漏之处在所难免, 敬请各位同行和读者多提意见, 不吝赐教, 以便改正.

编者
2022 年 1 月

目录 **CONTENTS**

1 第1章
随机事件与概率

第1章思维导图 ················· 002
1.1 随机事件及其运算 ········· 003
1.1.1 随机现象 ··············· 003
1.1.2 随机试验与样本空间 ······· 003
1.1.3 随机事件 ··············· 004
1.1.4 事件间的关系与运算 ······· 004
习题1.1 ····················· 006
1.2 概率及其运算 ··········· 007
1.2.1 频率 ·················· 007
1.2.2 概率的统计定义 ·········· 008
1.2.3 概率的公理化定义及其性质
··············· 008
1.2.4 古典概型 ·············· 009
习题1.2 ····················· 012
1.3 条件概率与独立性 ········ 013
1.3.1 条件概率 ·············· 013
1.3.2 乘法公式 ·············· 014
1.3.3 事件的独立性 ············ 015
1.3.4 伯努利试验 ············· 016
习题1.3 ····················· 017
1.4 全概率公式与贝叶斯公式 ··· 017
1.4.1 全概率公式 ············· 017
1.4.2 贝叶斯公式 ············· 018
习题1.4 ····················· 019
阅读材料 ················· 020
第1章总习题 ··············· 020

2 第2章
随机变量及其分布

第2章思维导图 ················· 024
2.1 随机变量与分布函数 ······· 025
2.1.1 随机变量 ··············· 025
2.1.2 分布函数 ··············· 026
习题2.1 ····················· 027
2.2 离散型随机变量及其分布律 ··· 028
2.2.1 离散型随机变量的分布律 ··· 028
2.2.2 常用的离散型随机变量 ····· 029
习题2.2 ····················· 031
2.3 连续型随机变量 ········· 032
2.3.1 连续型随机变量的概率密度
··············· 032
2.3.2 常用的连续型随机变量 ····· 034
习题2.3 ····················· 039
2.4 随机变量函数的分布 ······· 040
2.4.1 离散型随机变量函数的分布
··············· 040
2.4.2 连续型随机变量函数的分布
··············· 041
习题2.4 ····················· 043
阅读材料 ················· 043
第2章总习题 ··············· 044

3 第3章
多维随机变量及其分布

第3章思维导图 ················· 048

3.1 二维随机变量及其联合分布 ······ 049

  3.1.1 二维随机变量及其联合分布
函数 ··············· 049

  3.1.2 二维离散型随机变量及其联合
分布律 ············· 050

  3.1.3 二维连续型随机变量及其联合
概率密度 ··········· 053

  习题 3.1 ················ 056

3.2 边缘分布 ··············· 056

  3.2.1 边缘分布函数 ········· 056

  3.2.2 二维离散型随机变量的边缘
分布律 ············· 057

  3.2.3 二维连续型随机变量的边缘
概率密度 ··········· 058

  习题 3.2 ················ 061

3.3 随机变量的独立性与条件分布 ··· 061

  3.3.1 随机变量的独立性 ······ 061

  *3.3.2 条件分布 ············ 064

  习题 3.3 ················ 067

3.4 二维随机变量函数的分布 ······· 068

  3.4.1 二维离散型随机变量函数的
分布 ··············· 068

  3.4.2 二维连续型随机变量函数的
分布 ··············· 069

  习题 3.4 ················ 074

阅读材料 ················· 074

第3章总习题 ··············· 075

4 第4章
随机变量的数字特征

第4章思维导图 ················· 079

4.1 数学期望 ··············· 80

  4.1.1 离散型随机变量的数学期望
················· 80

  4.1.2 连续型随机变量的数学期望
················· 82

  4.1.3 随机变量函数的数学期望 ····· 83

  4.1.4 数学期望的性质 ········· 85

  习题 4.1 ················ 85

4.2 方差 ················· 87

  4.2.1 方差的定义 ··········· 87

  4.2.2 几个重要分布的方差 ······· 88

  4.2.3 方差的性质 ··········· 89

  习题 4.2 ················ 90

4.3 协方差和相关系数 ··········· 91

  4.3.1 协方差 ············· 91

  4.3.2 相关系数 ············ 92

  习题 4.3 ················ 94

4.4 其他数字特征 ············· 95

  4.4.1 矩 ··············· 95

  4.4.2 分位数和中位数 ········· 95

  习题 4.4 ················ 96

阅读材料 ················· 96

第4章总习题 ··············· 96

5 第5章 大数定律与中心极限定理

第5章思维导图 ················ 100
5.1 大数定律 ················ 101
　5.1.1 切比雪夫不等式 ······ 101
　*5.1.2 大数定律 ············ 102
　习题 5.1 ··················· 104
5.2 中心极限定理 ············ 105
　习题 5.2 ··················· 108
阅读材料 ···················· 108
第5章总习题 ················ 108

6 第6章 统计量与抽样分布

第6章思维导图 ················ 111
6.1 总体、样本和统计量 ······ 112
　6.1.1 总体和样本 ·········· 112
　6.1.2 统计量 ·············· 113
　习题 6.1 ··················· 114
6.2 抽样分布 ················ 114
　6.2.1 样本均值和样本方差的数字
　　　 特征 ··············· 114
　6.2.2 抽样分布及 α 上侧分位数
　　　 （点） ·············· 115
　6.2.3 正态总体的抽样分布 ···· 118
　习题 6.2 ··················· 119
阅读材料 ···················· 120
第6章总习题 ················ 120

7 第7章 参数估计

第7章思维导图 ················ 123
7.1 点估计 ·················· 124
　7.1.1 矩估计法 ············ 124
　7.1.2 最大似然估计法 ········ 126
　习题 7.1 ··················· 129
7.2 点估计的评价标准 ········ 130
　习题 7.2 ··················· 132
7.3 区间估计 ················ 133
　7.3.1 置信区间 ············ 133
　7.3.2 单个正态总体均值与方差的
　　　 置信区间 ············ 134
　7.3.3 两个正态总体均值差的置信
　　　 区间 ··············· 136
　7.3.4 单侧置信区间 ········· 138
　习题 7.3 ··················· 139
阅读材料 ···················· 139
第7章总习题 ················ 140

8 第8章 假设检验

第8章思维导图 ················ 143
8.1 假设检验的基本概念 ······ 144
　8.1.1 问题的提出 ·········· 144
　8.1.2 假设检验的思想 ········ 144
　8.1.3 假设检验的方法 ········ 145
　8.1.4 假设检验的步骤 ········ 146

8.1.5 两类错误 ·················· 146

习题 8.1 ······················· 147

8.2 正态总体均值的假设检验 ········· 148

8.2.1 单个正态总体均值的假设
检验 ·················· 148

8.2.2 两个独立正态总体均值差的
假设检验 ··············· 150

8.2.3 正态成对数据均值的假设
检验 ·················· 152

习题 8.2 ······················· 153

8.3 正态总体方差的假设检验 ········· 153

阅读材料 ······················· 155

第8章总习题 ·················· 155

附录1 泊松分布表 ·················· 157

附录2 标准正态分布表 ············ 158

附录3 卡方分布表 ·················· 159

附录4 t 分布表 ·················· 160

附录5 F 分布表 ·················· 162

1

第 1 章
随机事件与概率

概率论与数理统计是研究随机现象统计规律的一门数学学科，在众多领域中有着广泛的应用，例如气象预报、水文预报、地质勘探，产品质量的检验、元件或系统的使用可靠性及平均寿命的估计等. 概率论与数理统计是数学应用最活跃的分支之一.

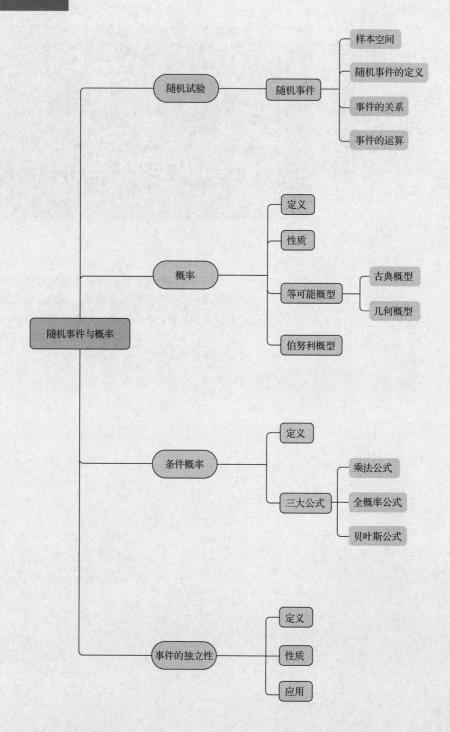

1.1 随机事件及其运算

1.1.1 随机现象

客观世界中发生的现象是多种多样的. 一类现象称为确定性现象, 在一定条件下必然发生. 例如, 在标准大气压下, 温度达到 100℃ 的纯水必然沸腾; 异性电荷必然相互吸引等. 另一类现象称为**随机现象**(random phenomenon), 这类现象无法由给定的条件准确地预报结果. 例如, 某城市 8 月的降雨量; 抛一枚质地均匀的硬币, 观察其正反面出现的情况等.

在随机现象中, 虽对个别试验来说, 其结果无法预测, 但在大量重复试验中其结果又呈现出统计规律性. 例如, 多次重复抛一枚质地均匀的硬币, 出现正面的次数大致占总次数的一半; 由某城市历年 8 月的降雨量可以得到降雨量变化的大致规律. 简单地说, 所谓随机现象就是具有统计规律性的不确定现象.

1.1.2 随机试验与样本空间

在一定条件下, 对自然现象和社会现象进行的实验或观察称为试验, 通常用 E 表示. 举例如下.

■**例 1.1** E_1: 抛一枚质地均匀的硬币, 观察其正反面出现的情况.

E_2: 将一枚硬币连抛 3 次, 观察其正面出现的次数.

E_3: 掷一颗骰子, 观察可能出现的点数.

E_4: 记录电话交换台 1 min 内接到的呼叫次数.

E_5: 在一批灯泡中任取一个, 测试其寿命.

E_6: 将一枚硬币连抛 2 次, 考虑正反面出现的情况.

上述试验具有以下共同特点:

(1) 可以在相同条件下重复进行;

(2) 试验可能结果不止一种, 但在试验前能确定所有的可能结果;

(3) 一次试验之前无法确定具体是哪种结果会出现.

将具有上述 3 个特点的试验称为简单随机试验, 简称为**随机试验**(random experiment). 本书中的试验都是指随机试验.

随机试验 E 中的每个可能的结果称为样本点, 记为 ω, 所有样本点组成的集合称为 E 的**样本空间**(sample space), 记为 Ω. 例如在 E_1 和 E_6 中, 出现正面用 H 表示, 出现反面用 T 表示, 因此 $E_1, \cdots, E_6$ 的样本空间分别为:

$\Omega_1 = \{H, T\}$; $\Omega_2 = \{0, 1, 2, 3\}$; $\Omega_3 = \{1, 2, 3, 4, 5, 6\}$; $\Omega_4 = \{0, 1, 2, \cdots\}$;

$\Omega_5 = \{t \mid t \geq 0\}$; $\Omega_6 = \{(H, H), (H, T), (T, H), (T, T)\}$.

由上面的讨论可知, 样本空间可分为两种类型:

(1) 有限样本空间, 即样本点总数为有限多个, 如 Ω_1、Ω_2、Ω_3、Ω_6;

(2) 无限样本空间, 即样本点总数为无穷多个, 如 Ω_4、Ω_5.

无限样本空间又可分为可数(列)样本空间(如 Ω_4)和不可数(列)样本空间(如 Ω_5).

1.1.3 随机事件

试验中可能出现的情况叫**随机事件**(random event),简称"事件",记作 A,B,C 等.例如在 E_3 中,"出现奇数点"是随机事件;在 E_5 中,"所取灯泡寿命不超过 100 h"也是随机事件.

特别地,一定条件下必然发生的事件,称为**必然事件**(certain event),用 Ω 表示.例如在 E_3 中,$\Omega=\{$出现奇数点或偶数点$\}$.同样,在一定条件下必然不发生的事件称为**不可能事件** (impossible event),用 $\varnothing$ 表示.例如在 E_3 中,$\varnothing=\{$既不出现奇数点,又不出现偶数点$\}$.

根据随机事件的定义,随机事件是由一个或多个样本点组成的,因此称随机试验 E 的样本空间 Ω 的子集为随机试验 E 的随机事件.任何事件均可表示为样本空间的某个子集,称事件 A 发生当且仅当试验的结果包含子集 A 中的元素.

特别地,由一个样本点组成的集合称为**基本事件**(elementary event);由全体样本点组成的事件,在每次试验中它总是发生,将其称为必然事件;不可能事件不包含任何样本点,它作为样本空间的子集,在每次试验中都不发生,称为不可能事件.

1.1.4 事件间的关系与运算

事件是样本点的集合,因此事件间的关系及运算与集合之间的关系及运算对应.下面给出相应的介绍.

1. 包含和相等关系

事件 A 发生必然导致事件 B 发生,称为事件 B **包含**(inclusion)事件 A,或称事件 A **包含于**事件 B,记作 $A \subset B$ 或 $B \supset A$.

若 $A \subset B$ 且 $B \subset A$,则称事件 A 与事件 B **相等**(equal),记作 $A=B$.

显然,$\varnothing \subset A \subset \Omega$;若 $A \subset B$,$B \subset C$,则有 $A \subset C$.

2. 事件的和

事件 A 与 B 中至少有一个发生,称为 A 与 B 的**和**(union),记作 $A \cup B$.易知,对任一事件 A,有

$$A \cup \Omega=\Omega, \quad A \cup \varnothing =A.$$

$A = \bigcup\limits_{i=1}^{n} A_i$ 表示"$A_1,A_2,\cdots,A_n$ 中至少有一个事件发生"这一事件.

$A = \bigcup\limits_{i=1}^{\infty} A_i$ 表示"可数无穷多个事件 $A_1,A_2,\cdots,A_i,\cdots$ 中至少有一个事件发生"这一事件.

3. 事件的积

事件 A 与 B 同时发生,称为事件 A 与 B 的**积**(intersection),记作 $A \cap B$ 或 AB.易知,对任一事件 A,有

$$A \cap \Omega=A, \quad A \cap \varnothing =\varnothing.$$

$A = \bigcap\limits_{i=1}^{n} A_i$ 表示"A_1,A_2,$\cdots$,A_n 这 n 个事件同时发生"这一事件.

$A = \bigcap\limits_{i=1}^{\infty} A_i$ 表示"可数无穷多个事件 $A_1,A_2,\cdots,A_i,\cdots$同时发生"这一事件.

4. 互斥事件(互不相容事件)

事件 A 与 B 不可能同时发生,即 $AB=\varnothing$,则称事件 A 与 B 为**互斥事件**(mutually exclusive event).

5. 互逆事件(对立事件)

事件 A 与 B 有且仅有一个发生，即 $A \cup B = \Omega$，$AB = \varnothing$，则称事件 A 与 B 为**互逆事件**(complementary event)，记作 $B = \bar{A}, A = \bar{B}$.

6. 事件的差

事件 A 发生而 B 不发生，称为事件 A 与 B 的**差**(difference)，记作 $A-B$. 不难验证
$$A-B = A\bar{B} = A-(AB), \quad \bar{\bar{A}} = A, \bar{A} = \Omega - A.$$
事件间的关系与运算，可用集合论中的维恩图(venn diagram)直观地表示(见图 1.1).

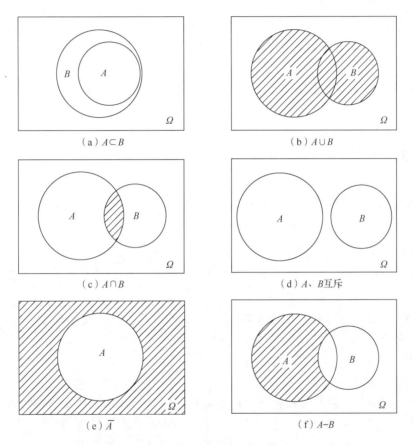

(a) $A \subset B$　　(b) $A \cup B$　　(c) $A \cap B$　　(d) A、B 互斥　　(e) $\bar{A}$　　(f) $A-B$

图 1.1

从集合的运算法则可以得到相应的事件的运算法则，如下.

(1) 交换律：$A \cup B = B \cup A$，$AB = BA$.

(2) 结合律：$(A \cup B) \cup C = A \cup (B \cup C)$，
$(A \cap B) \cap C = A \cap (B \cap C)$.

(3) 分配律：$(A \cup B) \cap C = (A \cap C) \cup (B \cap C)$，
$(A \cap B) \cup C = (A \cup C) \cap (B \cup C)$.

(4) 德摩根(De-Morgan)定律：$\overline{A \cup B} = \bar{A} \cap \bar{B}$，$\overline{A \cap B} = \bar{A} \cup \bar{B}$.

结合律、分配律和德摩根定律还可以推广至任意有限个或可数无穷多个事件的情况.

$$\overline{\overset{n}{\underset{}{\cup}} A_i} = \overset{n}{\underset{}{\cap}} \overline{A}_i, \quad \overline{\overset{n}{\underset{}{\cap}} A_i} = \overset{n}{\underset{}{\cup}} \overline{A}_i;$$

$$\overline{\overset{\infty}{\underset{}{\cup}} A_i} = \overset{\infty}{\underset{}{\cap}} \overline{A}_i, \quad \overline{\overset{\infty}{\underset{}{\cap}} A_i} = \overset{\infty}{\underset{}{\cup}} \overline{A}_i.$$

■**例1.2** 从一批产品中每次取出1件产品进行检验(每次取后不放回), 事件 $A_i(i=1,2,3)$ 表示第 i 次取得合格品, 试结合事件运算符号表示下列事件:

(1) 3次全取得合格品;

(2) 3次中只有第1件是合格品;

(3) 3次中恰有1件合格品;

(4) 3次中恰有2件合格品;

(5) 3次中至少有2件合格品;

(6) 3次中至多有1件合格品;

(7) 3次中至少有1次取得次品.

解 (1) 3次全取得合格品: $A_1 A_2 A_3$.

(2) 3次中只有第1件是合格品: $A_1 \overline{A}_2 \overline{A}_3$.

(3) 3次中恰有1件合格品: $(A_1 \overline{A}_2 \overline{A}_3) \cup (\overline{A}_1 A_2 \overline{A}_3) \cup (\overline{A}_1 \overline{A}_2 A_3)$.

(4) 3次中恰有2件合格品: $(A_1 A_2 \overline{A}_3) \cup (A_1 \overline{A}_2 A_3) \cup (\overline{A}_1 A_2 A_3)$.

(5) 3次中至少有2件合格品: $A_1 A_2 \cup A_1 A_3 \cup A_2 A_3$.

(6) 3次中至多有1件合格品: $\overline{A}_1 \overline{A}_2 \cup \overline{A}_1 \overline{A}_3 \cup \overline{A}_2 \overline{A}_3$.

(7) 3次中至少有1次取得次品: $\overline{A}_1 \cup \overline{A}_2 \cup \overline{A}_3$ 或 $\overline{A_1 A_2 A_3}$.

■**例1.3** 在数学系的学生中任选一名学生. 若事件 A 表示该生是男生, 事件 B 表示该生是三年级学生, 事件 C 表示该生是运动员.

(1) 叙述 $AB\overline{C}$ 的意义. (2) 在什么条件下 $ABC=C$ 成立? (3) 在什么条件下 $\overline{A} \subset B$ 成立?

解 (1) 该生是三年级男生, 但不是运动员.

(2) 全系运动员都是三年级男生.

(3) 全系女生都在三年级.

■**例1.4** 设甲、乙两人同时向同一目标射击, 用事件 A 表示"甲射中目标, 乙没射中目标", 求其对立事件 $\overline{A}$.

解 设 B = "甲射中目标", C = "乙没射中目标", 则 $A=BC$, 故

$\overline{A} = \overline{BC} = \overline{B} \cup \overline{C}$ = "甲没射中目标或乙射中目标".

习题 1.1

1. 设 A, B, C 是某一随机试验的3个事件, 用 A, B, C 的运算关系表示下列事件:

(1) A, B, C 都发生;

(2) A, B, C 都不发生;

(3) A 与 B 发生, 而 C 不发生;

(4) A 发生, 而 B 与 C 不发生;

(5)A,B,C 中至少有一个发生;

(6)A,B,C 中不多于一个发生;

(7)A 与 B 都不发生;

(8)A 与 B 中至少有一个发生;

(9)A,B,C 中恰有两个发生.

2. 将一颗骰子连掷两次, 观察其掷出的点数. 令 $A=$ "两次掷出的点数相同", $B=$ "点数之和为 10", $C=$ "最小点数为 4". 试分别指出事件 A,B,C 以及 $A\cup B,ABC,A-C,C-A,B\overline{C}$ 各自含有的样本点.

3. 在一段时间内, 某电话交换台接到呼叫的次数可能是 $0,1,2,\cdots$ 记事件 $A_k(k=1,2,\cdots)$ 表示 "接到呼叫的次数小于 k", 试用不同 k 值的 A_k 间的运算表示下列事件:

(1)呼叫次数大于 2;

(2)呼叫次数为 $5\sim10$;

(3)呼叫次数与 8 的偏差大于 2.

4. 下列命题是否成立, 并说明理由.

(1)$A\cup B=A\overline{B}\cup B$;　　　　　　　　(2)$A-B=A\overline{B}$;

(3)$(AB)(A\overline{B})=\varnothing$;　　　　　　　　(4)$\overline{AB}=\overline{A}\ \overline{B}$;

(5)若 $A\subset B$, 则 $A=AB$;　　　　　(6)若 $A\subset B$, 则 $\overline{A}\subset\overline{B}$.

5. 事件 A,B,C 两两互不相容与 $ABC=\varnothing$ 是否为一回事? 为什么?

1.2　概率及其运算

在一次试验中, 除必然事件和不可能事件外, 任何事件是否会发生事先都不能确定, 但希望找到合适的数来定量地描述事件发生的可能性大小. 为此, 引入 "频率" 来描述事件发生的频繁程度, 进而引出表征事件在一次试验中发生的可能性大小的数——概率.

1.2.1　频率

定义 1.1　事件 A 在 n 次相同的重复试验中出现 n_A 次, 则称

$$f_n(A)=\frac{n_A}{n}$$

为事件 A 在 n 次重复试验中出现的**频率**(frequency).

显然, 频率具有下列性质:

(1)(**非负性**)　$0\leqslant f_n(A)\leqslant 1$;

(2)(**规范性**)　$f_n(\Omega)=1$;

(3)(**可加性**)　若 $A_1,A_2,\cdots,A_n$ 为两两互斥事件, 则

$$f_n\left(\bigcup_{i=1}^{n}A_i\right)=f_n(A_1)+f_n(A_2)+\cdots+f_n(A_n).$$

事件 A 发生的频率描述了事件 A 发生的频繁程度. 频率越大, 事件 A 发生越频繁, 即在一次试验中事件 A 发生的可能性越大. 但频率不是固定的数: 一方面, 这一遍 n 次重复试验中事件 A 发生的频率与另一遍 n 次重复试验中事件 A 发生的频率一般不相同; 另一方面, 当重复试验的次数 n 发生变化时, 事件 A 发生的频率也会有所改变. 下面看一个著名的例子.

■例 1.5　德摩根、蒲丰(Buffon)和皮尔逊(Pearson)曾分别掷一枚质地均匀的硬币，其结果如表 1.1 所示.

表 1.1

实验者	掷硬币的次数	正面出现的次数	正面出现的频率
德摩根	2048	1061	0.5181
蒲丰	4040	2048	0.5069
皮尔逊	12000	6019	0.5016
皮尔逊	24000	12012	0.5005

从上述试验来看，虽然频率不是固定数，但当试验的次数充分大时，频率总在 0.5 左右摆动，呈现出一种稳定性，这与直观感觉"出现正面的可能性是 0.5"相一致. 因此，可以用"频率的稳定值"0.5 表示一次试验中事件 A 发生的可能性的大小."频率的稳定性"即通常所说的统计规律性，由此引入概率的统计定义.

1.2.2　概率的统计定义

定义 1.2　在相同条件下进行 n 次重复试验，事件 A 发生的次数为 n_A，事件 A 发生的频率为 $f_n(A)=\dfrac{n_A}{n}$. 如果当 n 充分大时，$f_n(A)$ 稳定地在一常数值 p 的附近摆动，则称 p 为事件 A 的**概率**(probability)，记作 $P(A)=p$.

由概率的统计定义与频率的性质，易见概率具有以下性质：

(1)**(非负性)**　$0 \leqslant P(A) \leqslant 1$；

(2)**(规范性)**　$P(\Omega)=1$；

(3)**(可加性)**　若 $A_1, A_2, \cdots, A_n$ 为两两互斥事件，则

$$P\left(\bigcup_{i=1}^{n} A_i\right) = P(A_1) + P(A_2) + \cdots + P(A_n).$$

由概率的统计定义可知，概率是衡量事件发生的可能性大小的量. 实际上，概率的统计定义虽然直观，但我们不可能对每一事件都做大量的重复试验，从中得到频率的稳定值.

1.2.3　概率的公理化定义及其性质

苏联科学家柯尔莫哥洛夫(Kolmogorov)从频率的稳定性与概率的统计定义得到启发，于1933 年提出了如下概率的公理化定义.

定义 1.3　随机试验 E 的样本空间为 Ω，如对于 E 的每个事件 A，总有唯一确定的实数 $P(A)$ 与之对应，并且满足下列 3 条性质：

(1)**(非负性)**　$0 \leqslant P(A) \leqslant 1$；

(2)**(规范性)**　$P(\Omega)=1$；

(3)**(可列可加性)**　若 $A_1, A_2, \cdots, A_n, \cdots$ 为两两互斥事件，则

$$P\left(\bigcup_{i=1}^{\infty} A_i\right) = P(A_1) + P(A_2) + \cdots = \sum_{i=1}^{\infty} P(A_i).$$

那就称 $P(A)$ 为事件 A 的**概率**.

概率的公理化
定义及其性质

概率的公理化定义看起来抽象，但它反映了概率的本质. 其中：$P(A)$ 可视为事件 A 的函数，值域为 $[0,1]$，定义域为全体事件的集合.

从概率的公理化定义可以推导出概率的重要性质.

性质 1　$P(\varnothing) = 0$，即不可能事件的概率为 0.

性质 2（有限可加性）　若事件 $A_1, A_2, \cdots, A_n$ 两两互斥，即 $A_i A_j = \varnothing (i \neq j, i, j = 1, 2, \cdots)$，则

$$P\left(\bigcup_{i=1}^{n} A_i\right) = P(A_1) + P(A_2) + \cdots + P(A_n) = \sum_{i=1}^{n} P(A_i).$$

性质 3　若 A, B 为两个事件，则（1）$P(A-B) = P(A) - P(AB)$；（2）若 $B \subset A$，则 $P(A-B) = P(A) - P(B)$ 且 $P(B) \leqslant P(A)$.

性质 4　$P(\overline{A}) = 1 - P(A)$.

性质 5（加法公式）　$P(A \cup B) = P(A) + P(B) - P(AB)$.

推论　$P(A \cup B \cup C) = P(A) + P(B) + P(C) - P(AB) - P(AC) - P(BC) + P(ABC)$，

$$P\left(\bigcup_{i=1}^{n} A_i\right) = \sum_{i=1}^{n} P(A_i) - \sum_{1 \leqslant i < j \leqslant n} P(A_i A_j) + \sum_{1 \leqslant i < j < k \leqslant n} P(A_i A_j A_k) - \cdots + (-1)^{n-1} P(A_1 A_2 \cdots A_n).$$

■**例 1.6**　已知 $P(\overline{A}) = 0.5, P(\overline{A}B) = 0.2, P(B) = 0.4$，求：
（1）$P(AB)$；（2）$P(A-B)$；（3）$P(A \cup B)$；（4）$P(\overline{AB})$.

解　（1）因为 $AB \cup \overline{A}B = B$，且 AB 与 $\overline{A}B$ 互斥，故有

$$P(AB) + P(\overline{A}B) = P(B),$$

于是　　　　　　　　　$P(AB) = P(B) - P(\overline{A}B) = 0.4 - 0.2 = 0.2$；

（2）$P(A) = 1 - P(\overline{A}) = 1 - 0.5 = 0.5$，

$P(A-B) = P(A) - P(AB) = 0.5 - 0.2 = 0.3$；

（3）$P(A \cup B) = P(A) + P(B) - P(AB) = 0.5 + 0.4 - 0.2 = 0.7$；

（4）$P(\overline{AB}) = P(\overline{A \cup B}) = 1 - P(A \cup B) = 1 - 0.7 = 0.3$.

■**例 1.7**　某市有甲、乙、丙 3 种报纸，订每种报纸的人数分别占全体市民人数的 30%，其中有 10% 的人同时订甲，乙 2 种报纸. 没有人同时订甲、丙或乙、丙报纸，求从该市任选 1 人，他至少订 1 种报纸的概率.

解　设 A, B, C 分别表示选到的人订了甲、乙、丙报纸，则

$$P(A \cup B \cup C) = P(A) + P(B) + P(C) - P(AB) - P(AC) - P(BC) + P(ABC)$$
$$= 30\% \times 3 - 10\% - 0 - 0 + 0 = 80\%.$$

■**例 1.8**　设 A, B 为两事件，且设 $P(B) = 0.3$，$P(A \cup B) = 0.6$，求 $P(A\overline{B})$.

解　　　　　　　　　$P(A\overline{B}) = P(A-B) = P(A) - P(AB)$，

而　　　　　　　　　$P(A \cup B) = P(A) + P(B) - P(AB)$，

所以　　　　　　　　$P(A \cup B) - P(B) = P(A) - P(AB)$，

于是　　　　　　　　$P(A\overline{B}) = P(A \cup B) - P(B) = 0.6 - 0.3 = 0.3$.

1.2.4　古典概型

定义 1.4　若随机试验 E 满足以下条件：

（1）样本空间 Ω 只有有限个样本点，即 $\Omega = \{\omega_1, \omega_2, \cdots, \omega_n\}$；

(2)每个基本事件的发生是等可能的，即 $P(\{\omega_1\})=P(\{\omega_2\})=\cdots=P(\{\omega_n\})$.
则称此试验为**古典概型**(classical model)，或称**等可能概型**.

设事件 A 包含 k 个基本事件，即

$$A=\{\omega_1\}\cup\{\omega_2\}\cup\cdots\cup\{\omega_k\},\ P(\{\omega_i\})=\frac{1}{n},\ i=1,2,\cdots,n,$$

则有

$$P(A)=P(\{\omega_1\}\cup\{\omega_2\}\cup\cdots\{\omega_k\})=P\{\omega_1\}+P\{\omega_2\}+\cdots+P\{\omega_k\}$$

$$=\frac{1}{n}+\frac{1}{n}+\cdots+\frac{1}{n}=\frac{k}{n}.$$

由此，在古典概型中，如果样本空间 Ω 的样本点总数为 n，事件 A 由 k 个样本点组成，则事件 A 的概率为

$$P(A)=\frac{k}{n}=\frac{A\text{ 所包含样本点总数}}{\Omega\text{ 中样本点总数}}.$$

■**例1.9** 设盒中有 3 只白球、2 只红球，现从盒中任意抽取 2 只球，求取到一红一白的概率.

解 设事件 A 表示"取到一红一白"，则

$$N(\Omega)=C_5^2,\ N(A)=C_3^1C_2^1,$$

故

$$P(A)=\frac{C_3^1C_2^1}{C_5^2}=\frac{3}{5}.$$

■**例1.10** 将 3 只球随机放入 3 个盒子，问题如下.
(1)每盒恰有一球的概率是多少？
(2)空一盒的概率是多少？

解 设 $A=$"每盒恰有一球"，$B=$"空一盒"

$$N(\Omega)=3^3,\ N(A)=3!,$$

(1) $P(A)=\frac{N(A)}{N(\Omega)}=\frac{2}{9}$;

(2) $P(B)=1-P\{\text{空两盒}\}-P\{\text{全有球}\}=1-\frac{3}{3^3}-\frac{3!}{3^3}=\frac{2}{3}$.

■**例1.11** 一口袋装有 6 只球，其中 4 只为白球、2 只为红球. 从袋中取球两次，每次随机地取一只. 考虑两种取球方式：

（a）第一次取 1 只球，观察其颜色后放回袋中，搅匀后再任取 1 只球. 这种取球方式叫作有放回抽取.

（b）第一次取 1 只球后不放回袋中，第二次从剩余的球中再取 1 只球. 这种取球方式叫作不放回抽取.

试分别就上面两种方式求：
(1)取到的两只球都是白球的概率；
(2)取到的两只球颜色相同的概率；
(3)取到的两只球中至少有 1 只是白球的概率.

解　(a)有放回抽取的情形如下.

设 A 表示事件"取到的两只球都是白球", B 表示事件"取到的两只球都是红球", C 表示事件"取到的两只球中至少有 1 只是白球". 则 $A\cup B$ 表示事件"取到的两只球颜色相同", 而 $C=\bar{B}$.

在袋中依次取两只球, 每一种取法为一个基本事件, 显然此时样本空间中仅包含有限个元素, 且由对称性可知每个基本事件发生的可能性相同, 因而可按古典概型来计算.

第一次从袋中取球有 6 只球可供抽取, 第二次也有 6 只球可供抽取. 由乘法原理知共有 6×6 种取法, 即基本事件总数为 6×6. 对于事件 A 而言, 由于第一次有 4 只白球可供抽取, 第二次也有 4 只白球可供抽取, 由乘法原理知共有 4×4 种取法, 即 A 中包含 4×4 个元素. 同理, B 中包含 2×2 个元素, 于是

(1) $P(A)=(4\times4)/(6\times6)=4/9$,

　　 $P(B)=(2\times2)/(6\times6)=1/9$.

由于 $AB=\varnothing$, 故

(2) $P(A\cup B)=P(A)+P(B)=5/9$,

(3) $P(C)=P(\bar{B})=1-P(B)=8/9$.

(b)不放回抽取的情形如下.

第一次从 6 只球中抽取, 第二次只能从剩下的 5 只球中抽取, 故共有 6×5 种取法, 即样本点总数为 6×5. 对于事件 A 而言, 第一次从 4 只白球中抽取, 第二次从剩下的 3 只白球中抽取, 故共有 4×3 种取法, 即 A 中包含 4×3 个元素, 同理 B 中包含 2×1 个元素, 于是

(1) $P(A)=\dfrac{P_4^2}{P_6^2}=(4\times3)/(6\times5)=2/5$,

　　 $P(B)=\dfrac{P_2^2}{P_6^2}=(2\times1)/(6\times5)=1/15$.

由于 $AB=\varnothing$, 故

(2) $P(A\cup B)=P(A)+P(B)=7/15$,

(3) $P(C)=1-P(B)=14/15$.

在不放回抽取中, 一次取一个, 一共取 m 次也可看作一次取出 m 个, 故本例中也可用组合的方法, 得

$$P(A)=\frac{C_4^2}{C_6^2}=\frac{2}{5},$$

$$P(B)=\frac{C_4^2}{C_6^2}=\frac{1}{15}.$$

■例 1.12　30 名学生中有 3 名运动员, 将这 30 名学生平均分成 3 组, 求:

(1)每组有一名运动员的概率;

(2)3 名运动员集中在一个组的概率.

解　设事件 $A=$"每组有一名运动员"; 事件 $B=$"3 名运动员集中在一组", 则

$$N(\Omega)=C_{30}^{10}C_{20}^{10}C_{10}^{10}=\frac{30!}{10!\ 10!\ 10!}.$$

$$N(A)=3!\ C_{27}^9C_{18}^9C_9^9,\quad N(B)=3\times C_{27}^7C_{20}^{10}C_{10}^{10}.$$

$$(1) P(A) = \frac{N(A)}{N(\Omega)} = \frac{3! \dfrac{27!}{9! \, 9! \, 9!}}{\dfrac{30!}{10! \, 10! \, 10!}} = \frac{50}{203};$$

$$(2) P(B) = \frac{N(B)}{N(\Omega)} = \frac{3 \times \dfrac{27!}{7! \, 10! \, 10!}}{\dfrac{30!}{10! \, 10! \, 10!}} = \frac{18}{203}.$$

古典概型要求随机试验的样本空间的样本点数有限, 对于无穷样本点古典概型的公式不成立, 但仍可将其推广.

定义 1.5 若随机试验 E 满足以下条件:

(1) 样本空间 Ω 有无限个样本点, 即 $\Omega = \{\omega_1, \omega_2, \cdots, \omega_n, \cdots\}$;

(2) 每个基本事件的发生是等可能的, 即 $P(\{\omega_1\}) = P(\{\omega_2\}) = \cdots = P(\{\omega_n\}) = \cdots$,

则称此试验为**几何概型**(classical model).

■**例 1.13** 电台在每个整点时刻报时一次, 某人发现手表停了, 打开收音机想听电台报时, 求他等待时间短于 10 min 的概率.

解 以 min 为单位, 记上次报时时刻为 0, 则下一次报时时刻为 60, 于是此人打开收音机的时间必在 $(0, 60)$ 内, 记"等待时间短于 10 min"为事件 A, 则 $\Omega = (0, 60)$, $A = (50, 60)$, 于是

$$P(A) = \frac{10}{60} = \frac{1}{6}.$$

习题 1.2

1. 设 A, B, C 是 3 个事件, $P(A) = P(B) = P(C) = \dfrac{1}{4}$, $P(AB) = P(BC) = 0$, $P(AC) = \dfrac{1}{8}$, 求 A, B, C 中至少有一个事件发生的概率.

2. $P(A) = \dfrac{1}{3}$, $P(B) = \dfrac{1}{4}$, $P(A \cup B) = \dfrac{1}{2}$, 求 $P(AB)$, $P(\bar{A} \cup \bar{B})$.

3. 设 A, B, C 是 3 个事件, 且有 $A \supset B$, $A \supset C$, $P(A) = 0.9$, $P(\bar{B} \cup \bar{C}) = 0.8$, 求 $P(A - BC)$.

4. 将 10 本书任意放到书架上, 求其中仅有的 3 本外文书恰好排在一起的概率.

5. 10 个号码球: 1 号, 2 号, $\cdots$, 10 号, 装于一袋中, 从中任取 3 个, 按从小到大的顺序排列, 求中间的号码球恰好为 5 号的概率.

6. 从一批由 35 件正品、5 件次品组成的产品中任取 3 件, 求其中恰好有 1 件次品的概率.

7. 一批产品共 N 件, 其中 M 件正品. 从中随机地取出 n 件 $(n < N)$. 试求其中恰有 m 件 $(m < M)$ 正品 (记为 A) 的概率. 如果取出的方式如下: (1) n 件是同时取出的; (2) n 件是无放回逐件取出的; (3) n 件是有放回逐件取出的.

8. 2 封信随机地投入 4 个邮筒, 求前 2 个邮筒内没有信的概率.

9. 同时抛 m 枚硬币, 求至少有 1 枚出现正面的概率.

10. 袋内装有大小相同的 10 个球, 其中 4 个是白球, 6 个是黑球, 从中一次抽取 3 个球, 计算至少有 2 个是白球的概率.

11. 某货运码头仅能容一船卸货, 而甲、乙两船在码头卸货时间分别为 1 h 和 2 h. 设甲、乙两船在 24 h 内随时可能到达, 求它们中任何一艘船都不需等待码头空出的概率.

1.3 条件概率与独立性

1.3.1 条件概率

> **引例** 一批同型号的产品由甲、乙两厂生产, 产品结构如表 1.2 所示.
>
> **表 1.2**
>
> | 类型 | 工厂 | | 合计 |
> |---|---|---|---|
> | | 甲厂 | 乙厂 | |
> | 合格品/件 | 475 | 644 | 1119 |
> | 次品/件 | 25 | 56 | 81 |
> | 合计/件 | 500 | 700 | 1200 |
>
> 从这批产品中随机抽取 1 件, 则这件产品为次品的概率为
>
> $$\frac{81}{1200} = 6.75\%.$$
>
> 现在假设被告知取出的产品是甲厂生产的, 那么这件产品为次品的概率又是多少呢?
>
> 显然, 在已知取出产品是甲厂生产的条件下, 它是次品的概率为 $\frac{25}{500} = 5\%$. 记 "取出的产品是甲厂生产的" 这一事件为 A, "取出产品为次品" 这一事件为 B.
>
> 在事件 A 发生的条件下, 求事件 B 发生的概率, 这种概率叫作条件概率, 记为 $P(B \mid A)$.
>
> 在本例中, 我们注意到
>
> $$P(B \mid A) = \frac{25}{500} = \frac{25/1200}{500/1200} = \frac{P(AB)}{P(A)}.$$
>
> 事实上, 容易验证, 对古典概型, 只要 $P(A) > 0$, 总有
>
> $$P(B \mid A) = \frac{P(AB)}{P(A)}.$$
>
> 由此启发, 我们在一般的概率模型中引入条件概率的定义.

定义 1.6 设 A, B 为两个事件, 且 $P(A) > 0$, 则称

$$P(B \mid A) = \frac{P(AB)}{P(A)}$$

条件概率

为事件 A 发生的条件下, 事件 B 的**条件概率**(conditional probability).

易验证 $P(B \mid A)$ 符合概率定义中的 3 个条件, 故对概率已证明的结果都适用于条件概率, 例如, 对于任意事件 B_1, B_2, 有

$$P(B_1 \cup B_2 \mid A) = P(B_1 \mid A) + P(B_2 \mid A) - P(B_1 B_2 \mid A).$$

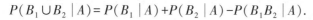

又如，对于任意事件 B，有

$$P(\overline{B} \mid A) = 1 - P(B \mid A).$$

■例 1.14　一批产品 100 件，其中正品 87 件，次品 13 件. 产品由甲车间生产的为 61 件，其中 50 件正品；由乙车间生产的为 39 件. 现从该批产品中任取 1 件，并设 A 表示"取到甲车间的产品"，B 表示"取到正品". 求 $P(B \mid A)$，$P(B \mid \overline{A})$，$P(A \mid B)$，$P(A \mid \overline{B})$.

解　因为 $P(A) = \dfrac{61}{100}$，$P(AB) = \dfrac{50}{100}$，由条件概率的定义得

$$P(B \mid A) = \frac{P(AB)}{P(A)} = \frac{\dfrac{50}{100}}{\dfrac{61}{100}} = \frac{50}{61}.$$

同理可得

$$P(B \mid \overline{A}) = \frac{P(B\overline{A})}{P(\overline{A})} = \frac{\dfrac{27}{100}}{\dfrac{39}{100}} = \frac{27}{39}, \quad P(A \mid B) = \frac{50}{87}, \quad P(A \mid \overline{B}) = \frac{11}{13}.$$

本例也可考虑用缩小样本空间的方法来解答，这样会更为简洁. 事实上，既然已经知道取出的是甲车间生产的，那么乙车间就可排除在考虑范围之外，因此"A 已发生的条件下的事件 B"就相当于在所有的甲产品中任取 1 个，并取出来的是正品. 从而 Ω_A 样本点总数不是原来的 100，而是甲产品数 61，"甲车间取到的正品"这件事包含的样本点总数为 50，因此所求概率

条件概率和积事件概率的区别

$$P(B \mid A) = \frac{51}{61}.$$

同理可得

$$P(B \mid \overline{A}) = \frac{27}{39}, \quad P(A \mid B) = \frac{50}{87}, \quad P(A \mid \overline{B}) = \frac{11}{13}.$$

1.3.2　乘法公式

由条件概率的定义，可得如下**乘法公式**（multiplication formula）.

$$P(AB) = P(B \mid A)P(A), \quad P(A) > 0;$$
$$P(AB) = P(A \mid B)P(B), \quad P(B) > 0;$$
$$P(A_1 A_2 \cdots A_n) = P(A_1)P(A_2 \mid A_1)P(A_3 \mid A_1 A_2) \cdots P(A_n \mid A_1 A_2 \cdots A_{n-1}),$$

其中，$P(A_i) > 0$，$i = 1, 2, \cdots, n$.

条件概率的乘法公式

■例 1.15　一批产品共 10 件，其中 3 件次品，每次从中任取 1 件不放回，问第三次取得正品的概率是多少？

解　A_i 表示第 i 次取到正品，于是

$$P(\overline{A_1}) = \frac{3}{10}, \quad P(\overline{A_2} \mid \overline{A_1}) = \frac{2}{9}, \quad P(A_3 \mid \overline{A_1}\,\overline{A_2}) = \frac{7}{8},$$

则根据乘法公式

$$P(\overline{A_1}\,\overline{A_2}A_3) = P(\overline{A_1})P(\overline{A_2} \mid \overline{A_1})P(A_3 \mid \overline{A_1}\,\overline{A_2}) \approx 0.0583.$$

1.3.3　事件的独立性

一般地，$P(B|A) \neq P(B)$，但也有例外，如例 1.16.

■例 1.16　设袋中有 3 个白球，2 个红球，现从袋中有放回地抽取两次，每次取 1 个，用 A 表示"第一次抽取得红球"，B 表示"第二次取得红球"，求 $P(B|A)$，$P(B)$.

解　$P(B|A) = P(B) = \dfrac{2}{5}$.

由此可得如下的定义.

定义 1.7　设 A,B 为两个事件，若满足
$$P(AB) = P(A)P(B),$$
则称事件 A,B **相互独立**(independence)，简称 A,B **独立**.

也可从实际意义判断事件的独立性.

当事件 A,B 相互独立且 $P(A)>0$ 时，有
$$P(B|A) = P(B).$$

定理 1.1　以下 4 对事件的相互独立性相同，
(1)A 与 B，(2)A 与 $\bar{B}$，(3)$\bar{A}$ 与 B，(4)$\bar{A}$ 与 $\bar{B}$.

证明　此处仅证(1)与(2)等价，其他证明方法类似. 由 $A = AB \cup A\bar{B} = 0$，因 AB 与 $A\bar{B}$ 互不相容，故有 $P(A) = P(AB)+P(A\bar{B})$，
若 A,B 相互独立，则 $P(AB) = P(A)P(B)$，
故
$$P(A\bar{B}) = P(A)-P(AB) = P(A)-P(A)P(B)$$
$$= P(A)(1-P(B))$$
$$= P(A)P(\bar{B}).$$
由定义知，事件 $A,\bar{B}$ 相互独立.
若 $A,\bar{B}$ 相互独立，则 $P(A\bar{B}) = P(A)P(\bar{B})$.
故
$$P(AB) = P(A)-P(A\bar{B}) = P(A)-P(A)P(\bar{B})$$
$$= P(A)(1-P(\bar{B}))$$
$$= P(A)P(B).$$
由定义知，事件 A,B 相互独立.
综上，(1)与(2)等价.

■例 1.17　从一副 52 张(不含大小王)的扑克牌中任意抽取一张，A 表示"抽出一张 A"，B 表示"抽出一张黑桃"，问 A 与 B 是否独立？

解　$P(A) = \dfrac{4}{52} = \dfrac{1}{13}$，$P(B) = \dfrac{13}{52} = \dfrac{1}{4}$，$P(AB) = \dfrac{1}{52}$，
得到 $P(AB) = P(A)P(B)$，故 A 与 B 独立.

事件独立性的概念可以推广到有限多个事件上.

定义 1.8　设 A,B,C 为 3 个事件，若满足
$$P(AB) = P(A)P(B), \quad P(AC) = P(A)P(C),$$
$$P(BC) = P(B)P(C), \quad P(ABC) = P(A)P(B)P(C),$$
则称事件 A,B,C 为**相互独立**.

上述定义中若 A, B, C 仅满足前 3 个式子，则称 A, B, C **两两独立**，相互独立必然两两独立，反之不一定.

例 1.18 从分别标有 1，2，3，4 这 4 个数字的 4 张卡片中随机抽取 1 张，以事件 A 表示"取到 1 或 2 号卡片"；事件 B 表示"取到 1 或 3 号卡片"；事件 C 表示"取到 1 或 4 号卡片"．则事件 A, B, C 两两独立但不相互独立.

事实上 $P(A) = P(B) = P(C) = \dfrac{1}{2}$，$P(AB) = P(BC) = P(AC) = \dfrac{1}{4}$，$P(ABC) = \dfrac{1}{4} \neq P(A)P(B)P(C)$.

进一步可以定义 n 个事件的独立性.

定义 1.9 设 n 个事件 $A_1, A_2, \cdots, A_n$，对于任意 $k (2 \leqslant k \leqslant n)$ 个事件 $A_{i_1}, A_{i_2}, \cdots, A_{i_k} (1 \leqslant i_1 < i_2 < \cdots < i_k \leqslant n)$，如果满足
$$P(A_{i_1} A_{i_2} \cdots A_{i_k}) = P(A_{i_1}) P(A_{i_2}) \cdots P(A_{i_k}),$$
则称事件 $A_1, A_2, \cdots, A_n$ **相互独立**.

事件 $A_1, A_2, \cdots, A_n$ 相互独立则必然两两独立，反之则未必.

相互独立和互不相容

例 1.19 若每个人血清中含有某病毒的概率为 0.4%，今混合来自不同地区的 100 个人的血清，求此血清中含有该病毒的概率.

解 用 A_i 表示第 i 个人的血清中含有该病毒，$i = 1, 2, \cdots, 100$，则
$$P(A_1 \cup A_2 \cup \cdots \cup A_{100}) = 1 - P(\overline{A_1 \cup A_2 \cup \cdots \cup A_{100}}) = 1 - P(\overline{A_1}\,\overline{A_2} \cdots \overline{A_{100}})$$
$$= 1 - P(\overline{A_1}) P(\overline{A_2}) \cdots P(\overline{A_{100}}) = 1 - (1 - 0.4\%)^{100} \approx 0.3302.$$

1.3.4 伯努利试验

在相同条件下可以重复进行，且任何一次试验发生的结果都不受其他各次试验结果的影响，称这样的试验为重复独立试验，若在 n 次重复独立试验中，每次试验可能的结果只有两个：A 或 $\overline{A}$，则称 n 次重复独立试验为 n **重伯努利（Bernoulli）试验**.

定理 1.2 设在一次试验中事件 A 发生的概率为 $p (0 < p < 1)$，则在 n 重伯努利试验中事件 A 发生 k 次的概率为
$$P\{A \text{ 发生 } k \text{ 次}\} = C_n^k p^k (1-p)^{n-k}, \quad (k = 0, 1, 2, \cdots, n).$$

证明 A_i 表示第 i 次试验中事件 A 发生，$i = 0, 1, \cdots, n$，
则
$$P(A_i) = p, \quad P(\overline{A_i}) = 1 - p,$$
B_k 表示事件 A 发生 k 次.

则 B_k 是 C_n^k 个两两互不相容事件的并：
$$B_k = (A_1 A_2 \cdots A_k \overline{A_{k+1}} \overline{A_{k+2}} \cdots \overline{A_n}) \cup (A_1 A_2 \cdots \overline{A_k} A_{k+1} \overline{A_{k+2}} \cdots \overline{A_n}) \cup \cdots \cup (\overline{A_1}\,\overline{A_2} \cdots \overline{A_k} A_{k+1} A_{k+2} \cdots A_n),$$
$$P(B_k) = P(A_1 A_2 \cdots A_k \overline{A_{k+1}} \overline{A_{k+2}} \cdots \overline{A_n}) + P(A_1 A_2 \cdots A_k \overline{A_{k+1}} \overline{A_{k+2}} \cdots \overline{A_n}) + \cdots + P(\overline{A_1}\,\overline{A_2} \cdots \overline{A_k} A_{k+1} A_{k+2} \cdots A_n).$$
由独立性可知
$$P(A_1 A_2 \cdots A_k \overline{A_{k+1}} \overline{A_{k+2}} \cdots \overline{A_n}) = P(A_1 A_2 \cdots \overline{A_k} A_{k+1} A_{k+2} \cdots A_n) \cdots = P(\overline{A_1}\,\overline{A_2} \cdots \overline{A_k} A_{k+1} A_{k+2} \cdots A_n) = p^k (1-p)^{n-k},$$
故
$$P(B_k) = C_n^k p^k (1-p)^{n-k}.$$

■例 1.20　某人进行射击，设每次射击命中目标的概率为 0.3，重复射击 10 次，求恰好命中目标 3 次的概率.

解　10 次射击为 10 重伯努利试验，在一次试验中击中目标为事件 A，

则
$$P\{A \text{ 发生 } 3 \text{ 次}\} = C_{10}^3 0.3^3 (1-0.3)^{10-3} \approx 0.2668.$$

习题 1.3

1. 已知 $P(A) = \dfrac{1}{4}$，$P(B|A) = \dfrac{1}{3}$，$P(A|B) = \dfrac{1}{2}$，求 $P(A \cup B)$.

2. 设 $P(A) = 0.5$，$P(B) = 0.6$. 问题如下.

(1) 什么条件下 $P(AB)$ 可以取最大值，其值是多少？

(2) 什么条件下 $P(AB)$ 可以取最小值，其值是多少？

3. 由长期统计资料得知，某一地区在 4 月某日下雨 (记为事件 A) 的概率为 $\dfrac{4}{15}$，刮风 (记为事件 B) 的概率为 $\dfrac{7}{15}$，既刮风又下雨的概率为 $\dfrac{1}{10}$. 求 $P(A|B)$，$P(B|A)$ 及 $P(A \cup B)$.

4. 某人有 5 把钥匙，其中两把可以打开门，从中随机取一把试开门，求第三次才打开门的概率.

5. 一猎人用猎枪向一野兔射击，第一枪距离野兔 200 m 远，如果未击中，他追到离野兔 150 m 处第二次射击，如果仍未击中，他追到距离野兔 100 m 处进行第三次射击，此时击中的概率为 $\dfrac{1}{2}$. 如果这个猎人射击的命中率与他到的野兔距离的平方成反比，求猎人击中野兔的概率.

6. 3 人各自独立地破译一份密码，已知每人能破译的概率分别是 $\dfrac{1}{5}$、$\dfrac{1}{3}$、$\dfrac{1}{4}$，求密码能被破译的概率.

7. 某类灯泡使用时间在 1000 h 以上的概率为 0.2，求 3 个灯泡在使用 1000 h 以后，

(1) 都没有坏的概率；(2) 坏了一个的概率；(3) 最多只有一个坏了的概率.

1.4　全概率公式与贝叶斯公式

1.4.1　全概率公式

全概率公式 (formula of total probability) 极其重要，它解决问题的基本思想是把复杂事件的概率转化为简单事件的概率. 基本方法是利用概率的可加性，将复杂事件化为两两互不相容事件之和.

定理 1.3 (全概率公式)　设 B 为随机试验 E 中的任一事件，$A_1, A_2, \cdots,$

全概率公式

A_n 是 E 的一个完备事件组，即 $\bigcup\limits_{i=1}^{n} A_i = \Omega$，$A_i A_j = \varnothing\,(i \neq j)$（见图 1.2）且 $P(A_i) > 0$，$i = 1, 2, \cdots, n$，则有

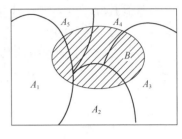

图 1.2

$$P(B) = \sum_{i=1}^{n} P(B \mid A_i) P(A_i).$$

证明 $B = B \cap \Omega = B \cap \left(\bigcup\limits_{i}^{n} A_i\right) = (BA_1) \cup (BA_2) \cup \cdots \cup (BA_n).$

因 $A_i A_j = \varnothing\,(i \neq j)$，故有 $BA_1, BA_2, \cdots, BA_n$ 两两互不相容，根据概率的有限可加性和乘法公式得

$$P(B) = P(BA_1) + P(BA_2) + \cdots + P(BA_n)$$

$$= \sum_{i=1}^{n} P(BA_i) = \sum_{i=1}^{n} P(B \mid A_i) P(A_i).$$

若将事件 B 视为"结果"，$A_1, A_2, \cdots, A_n$ 则视为导致结果 B 发生的"原因"，由此称 $P(A_i)$ 为**先验概率**（prior probability）。

多数情况下，$P(B)$ 不易求得，而 $P(B \mid A_i)$ 和 $P(A_i)$ 却易得，从而由全概率公式得到 $P(B)$。运用全概率公式的关键是完备事件组的选取，且完备事件组中所有事件的概率及条件概率易计算。

■**例 1.21** 某机床厂从 3 家不同的轴承制造厂购进一批轴承，从第一厂、第二厂、第三厂分别进货占总进货量的 50%、30% 和 20%。根据以往经验得知 3 家工厂的产品次品率分别为 2%、3% 和 4%。问该机床厂购进这批轴承的次品率是多少？

解 设"取到的轴承是第 i 厂制造的"为事件 $A_i(i = 1, 2, 3)$ "取出的 1 只轴承是次品"为事件 B。由全概率公式

$$P(B) = P(B \mid A_1) P(A_1) + P(B \mid A_2) P(A_2) + P(B \mid A_3) P(A_3),$$

其中 $P(A_1) = 0.5$，$P(A_2) = 0.3$，$P(A_3) = 0.2$，

$$P(B \mid A_1) = 0.02, P(B \mid A_2) = 0.03, P(B \mid A_3) = 0.04,$$

于是 $P(B) = 0.02 \times 0.5 + 0.03 \times 0.3 + 0.04 \times 0.2 = 0.027.$

1.4.2 贝叶斯公式

在全概率公式中，将事件 B 视为"结果"，$A_1, A_2, \cdots, A_n$ 则视为导致结果 B 发生的"原因"。探究导致结果 B 发生的原因，即需求 $P(A_i \mid B)$，称之为**后验概率**（posterior probability）。

在例 1.21 中，知道"结果"去探究"原因"，即讨论 3 个轴承厂的产品对这批轴承次品率影响的大小，需计算 $P(A_i \mid B)$，即用到贝叶斯（Bayes）公式。

定理 1.4 设 B 为一事件且 $P(B) > 0$，事件 $A_1, A_2, \cdots, A_n$ 构成一个完备事件组，且 $P(A_i) > 0$，$i = 1, 2, \cdots, n$，则有

$$P(A_i \mid B) = \frac{P(A_i B)}{P(B)} = \frac{P(B \mid A_i) P(A_i)}{\sum\limits_{j=1}^{n} P(B \mid A_j) P(A_j)}.$$

证明 由条件概率的定义得

$$P(A_i \mid B) = \frac{P(A_i B)}{P(B)}.$$

将乘法公式 $P(A_iB) = P(B \mid A_i)P(A_i)$ 和全概率公式 $P(B) = \sum_{j=1}^{n} P(B \mid A_j)P(A_j)$ 代入上式，即得证.

■例 1.22　继续讨论例 1.21. 若从机床厂购进的这批轴承中任取一只，这只轴承是次品，问此次品由每家轴承厂制造的概率分别为多少？

解　计算 $P(A_1 \mid B)$, $P(A_2 \mid B)$ 和 $P(A_3 \mid B)$, 在例 1.21 中已经计算出 $P(B) = 0.027$, 因此

$$P(A_1 \mid B) = \frac{P(B \mid A_1)P(A_1)}{P(B)} = \frac{0.02 \times 0.5}{0.027} \approx 0.370,$$

$$P(A_2 \mid B) = \frac{P(B \mid A_2)P(A_2)}{P(B)} = \frac{0.03 \times 0.3}{0.027} \approx 0.333,$$

$$P(A_3 \mid B) = \frac{P(B \mid A_3)P(A_3)}{P(B)} = \frac{0.04 \times 0.2}{0.027} \approx 0.297.$$

习题 1.4

1. 已知某种疾病的发病率为 0.1%，该种疾病患者一个月内的死亡率为 90%；且知未患该种疾病的人一个月内的死亡率为 0.1%. 现有任意一人，问此人在一个月内死亡的概率是多少？若已知此人在一个月内死亡，则此人是因该种疾病致死的概率为多少？

2. 将两条信息分别编码为 A 和 B 传递出来，接收站收到时，A 被误收作 B 的概率为 0.02，而 B 被误收作 A 的概率为 0.01. 信息 A 与 B 传递的频繁程度比例为 2：1. 若接收站收到的信息是 A，试问原发信息是 A 的概率是多少？

3. 商店论箱出售玻璃杯，每箱 20 个，其中每箱含 0, 1, 2 个次品的概率分别为 0.8, 0.1, 0.1, 某顾客选中一箱，从中任选 4 个检查，结果都是好的，便买下了这一箱. 问这一箱含有一个次品的概率是多少？

4. 设一箱产品共 100 件，其中次品件数从 0 到 2 是等可能的. 开箱检验时，从中随机抽取 10 件，如果发现有次品，则认为该箱产品不合要求而拒收.

(1) 求该箱产品通过验收的概率；

(2) 若已知该箱产品已通过验收，求没有次品的概率.

5. 某保险公司把被保险人分为 3 类："谨慎的""一般的""冒失的". 统计资料表明，上述 3 类人在一年内发生事故的概率依次为 0.05、0.15 和 0.30；如果"谨慎的"被保险人占 20%，"一般的"占 50%，"冒失的"占 30%.

(1) 求被保险人一年内出事故的概率.

(2) 现知某被保险人在一年内出了事故，则他是"谨慎的"的概率是多少？

6. 甲、乙、丙 3 人独立地向同一无人机射击，设击中的概率分别是 0.4, 0.5, 0.7. 若只有 1 人击中，则无人机被击落的概率为 0.2；若有 2 人击中，则无人机被击落的概率为 0.6；若 3 人都击中，则无人机一定被击落，求无人机被击落的概率.

 阅读材料

贝叶斯公式

贝叶斯公式是概率论中的一个著名公式. 它由英国学者托马斯·贝叶斯(Thomas Bayes)为了解决二项分布的概率估计问题所提出的一种"逆概率"思想发展而来. "正概率"指已知事件的概率为 p, 可计算某种结果出现的概率; 反之, "逆概率"则指给定了观察结果, 则可对概率 p 做出试验后的推断. 即"正概率"是由原因推结果, "逆概率"是由结果推原因. 贝叶斯的思想, 以及其支持者对其思想的发展, 在应用上有良好的表现, 最终发展成了贝叶斯统计理论. 从推导上看, 贝叶斯公式平淡无奇, 它只是条件概率的定义与全概率公式的简单推论. 它之所以著名, 在于其现实哲理意义的解释上: 它是在没有进一步信息(不知道 A 是否发生)的情况下, 人们对 B_1, B_2, …发生的可能性大小(即 $P(B_1)$, $P(B_2)$, …)的认识, 现在有了新的信息(知道 A 发生), 人们对 B_1, B_2, …发生的可能性大小有了新的估计. 这种情况在日常生活中是屡见不鲜的, 原以为不甚可能的一种情况, 可以因某事件的发生而变得甚为可能, 或者相反, 贝叶斯公式从数量上刻画了这种变化. 例如, 某地区发生了一起案件, 犯罪嫌疑人有甲、乙等人, 在不知道案情细节(相当于事件 A)之前, 人们只能根据已经掌握的资料(例如基于犯罪记录), 对犯罪嫌疑人作案的可能性有一个估计(相当于 $P(B_1)$, $P(B_2)$, …), 但是知道案情细节后, 这个估计就有了变化. 比如, 根据现场勘察到的证据, 原来认为不甚可能犯罪的甲, 现在成了重点犯罪嫌疑人. 在统计学中, 依据贝叶斯公式的思想发展了一整套统计推断的方法, 即"贝叶斯统计".

第1章总习题

一、填空题

1. 设有两个事件 A 与 B, $P(A)=0.6$, $P(A-B)=0.3$, 则 $P(\overline{AB})=$ _____.

2. 在区间 $(0,1)$ 中随机地取两个数, 那两数之差的绝对值小于 $\frac{1}{2}$ 的概率为 _____.

3. 甲、乙、丙 3 人各向目标独立射击一次, 命中率分别为 0.3, 0.4, 0.5, 则至少有 1 人命中目标的概率为 _____.

4. (2012)设 A,B,C 是随机事件, A 与 C 互不相容, $P(AB)=\frac{1}{2}$, $P(C)=\frac{1}{3}$, 则 $P(AB\mid \overline{C})$ = _____.

5. (2018)设 A,B,C 是随机事件, A 与 C 相互独立, $BC=\varnothing$, 若

$$P(A)=P(B)=\frac{1}{2}, \quad P(AC\mid AB\cup C)=\frac{1}{4},$$

则 $P(C)=$ _____.

二、选择题

6. 下列说法中，正确的是(　　).

A. 对任意两个事件 A 与 B，有 $P(AB)=P(A)P(B\mid A)$

B. 若事件 A 与 B 互斥，则这两个事件一定是相互独立的

C. 若事件 A 与 B 相互独立，则事件 $\overline{A}$ 与 $\overline{B}$ 也相互独立

D. 任意 n 个事件 $A_1,A_2,\cdots,A_n$，有 $P\left\{\sum\limits_{i=1}^{n}\cup A_i\right\}=P(A_1)+P(A_2)+\cdots+P(A_n)$

7. 当事件 A 与 B 同时发生时，事件 C 必发生，则(　　).

A. $P(C)=P(AB)$　　　　　　　　　B. $P(C)=P(A\cup B)$

C. $P(C)\geqslant P(A)+P(B)-1$　　　　D. $P(C)\leqslant P(A)+P(B)-1$

8. 设事件 A 与 B 互斥，且 $P(A)>0$，$P(B)>0$，则下列结论一定正确的是(　　).

A. $\overline{A}$ 与 $\overline{B}$ 互斥　　　　　　　　B. $\overline{A}$ 与 $\overline{B}$ 不是互斥的

C. $P(AB)=P(A)P(B)$　　　　　　　D. $P(A-B)=P(A)$

9. 已知 $P(A)=P(B)=\dfrac{1}{3}$，$P(A\mid B)=\dfrac{1}{6}$，则 $P(\overline{A}\,\overline{B})=($　　$)$.

A. $\dfrac{11}{18}$　　　　　B. $\dfrac{1}{3}$　　　　　C. $\dfrac{7}{18}$　　　　　D. $\dfrac{1}{4}$

10. 袋中有 5 只球，其中 3 个红球，2 个白球，现无放回地从中随机抽取两次，每次取一球，则第二次取到红球的概率为(　　).

A. $\dfrac{3}{5}$　　　　　B. $\dfrac{1}{2}$　　　　　C. $\dfrac{3}{4}$　　　　　D. $\dfrac{3}{10}$

11. 设事件 A 与 B 相互独立，且 $P(B)=0.5$，$P(A-B)=0.3$，则 $P(B-A)=($　　$)$.

A. 0.1　　　　　B. 0.2　　　　　C. 0.3　　　　　D. 0.4

12. (2015)若 A,B 为任意两个随机事件，则(　　).

A. $P(AB)\leqslant P(A)P(B)$　　　　　　B. $P(AB)\geqslant P(A)P(B)$

C. $P(AB)\leqslant\dfrac{P(A)+P(B)}{2}$　　　　D. $P(AB)\geqslant\dfrac{P(A)+P(B)}{2}$

13. (2017) 设 A,B 为随机事件，若 $0<P(A)<1$，$0<P(B)<1$，则 $P(A\mid B)>P(A\mid\overline{B})$ 的充要条件是(　　).

A. $P(B\mid A)>P(B\mid\overline{A})$　　　　　B. $P(B\mid A)<P(B\mid\overline{A})$

C. $P(\overline{B}\mid A)>P(B\mid\overline{A})$　　　　D. $P(\overline{B}\mid A)<P(B\mid\overline{A})$

14. (2019)设 A,B 为随机事件，则 $P(A)=P(B)$ 的充要条件是(　　).

A. $P(A\cup B)=P(A)+P(B)$　　　　　B. $P(AB)=P(A)P(B)$

C. $P(A\overline{B})=P(B\overline{A})$　　　　　　D. $P(AB)=P(\overline{A}\,\overline{B})$

15. (2020)设 A,B,C 为 3 个随机事件，且 $P(A)=P(B)=P(C)=\dfrac{1}{4}$，$P(AB)=0$，$P(AC)=P(BC)=\dfrac{1}{12}$，则 A,B,C 中恰有一个事件发生的概率为(　　).

A. $\dfrac{3}{4}$　　　　　B. $\dfrac{2}{3}$　　　　　C. $\dfrac{1}{2}$　　　　　D. $\dfrac{5}{12}$

三、计算题

16. 设事件 A 与 B 的概率分别为 $\dfrac{1}{3}$ 和 $\dfrac{1}{2}$，求在下列 3 种情况下 $P(B\bar{A})$ 的值.

(1) A 与 B 互斥；(2) $A \subset B$；(3) $P(AB) = \dfrac{1}{8}$.

17. 设 $P(A) = 0.4$，$P(B) = 0.3$，$P(A \cup B) = 0.6$，求 $P(A-B)$.

18. 某专业研究生复试时，有 3 张考签，3 个考生应试，一个人抽一张后立即放回，再另一个人抽，如此 3 人各抽一次，求抽签结束后，至少有一张考签没有被抽到的概率.

19. 设有随机事件 A 与 B，$P(A) = 0.7$，$P(B) = 0.5$，$P(A-B) = 0.3$，$P(AB)$，$P(B-A)$，$P(\bar{B}|\bar{A})$.

20. 某厂的 3 条流水线的不合格率分别为 0.04，0.03，0.02. 该厂规定，出了不合格品要追究有关流水线的经济责任. 现从出厂产品中任取一件，发现为不合格品，但该件产品是哪条流水线生产的标志已经脱落，厂方如何处理这件不合格品比较合理？或者说各条流水线应该承担多少责任？

2

第 2 章
随机变量及其分布

在随机试验中，人们除了讨论某些特定事件发生的概率外，往往还要研究某个与随机试验的结果相联系的变量，以便对随机试验进行更全面、深入的研究. 由于这一变量的取值依赖于随机试验的结果，因而该变量被称为随机变量. 该变量与普通变量不同之处在于人们无法事先预知其确切取值，但可以研究其取值的规律性. 本章首先介绍随机变量和分布函数的概念，然后讨论离散型随机变量和连续型随机变量，最后讨论随机变量函数的分布.

第 2 章
思维导图

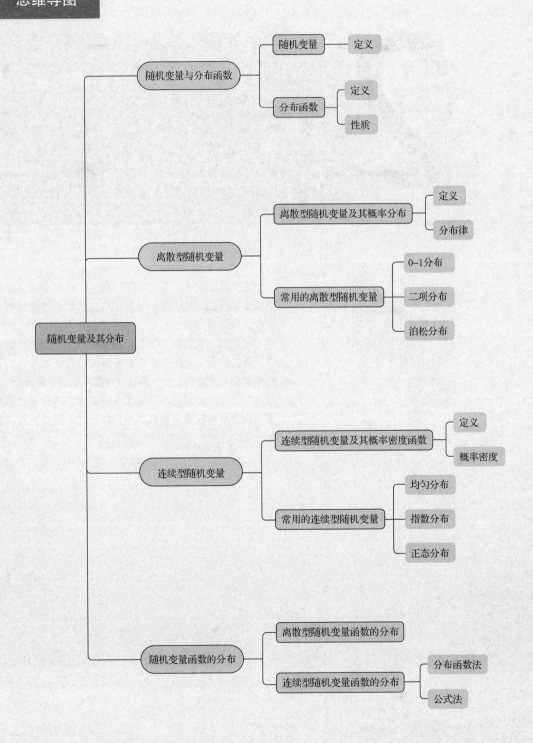

随机变量及其分布
- 随机变量与分布函数
  - 随机变量
    - 定义
  - 分布函数
    - 定义
    - 性质
- 离散型随机变量
  - 离散型随机变量及其概率分布
    - 定义
    - 分布律
  - 常用的离散型随机变量
    - 0-1分布
    - 二项分布
    - 泊松分布
- 连续型随机变量
  - 连续型随机变量及其概率密度函数
    - 定义
    - 概率密度
  - 常用的连续型随机变量
    - 均匀分布
    - 指数分布
    - 正态分布
- 随机变量函数的分布
  - 离散型随机变量函数的分布
  - 连续型随机变量函数的分布
    - 分布函数法
    - 公式法

2.1　随机变量与分布函数

2.1.1　随机变量

随机试验中，如果把试验的每个可能的结果与一个实数相对应，并且把这些实数看作一个变量的取值，就可以把试验结果与一个变量联系起来了.

■例 2.1　设有 10 件产品，其中 5 件正品，5 件次品，现从中任取 3 件产品，问这 3 件产品中的次品数是多少？

解　显然次品件数可以是 0，1，2，3，即试验结果是数量性的. 用 X 表示取到的 3 件产品中的次品件数，X 是一个变量，它的取值为 0，1，2，3，样本空间为

$$\Omega = \{没有次品，有 1 件次品，有 2 件次品，有 3 件次品\},$$

则

$$X = X(\omega) = \begin{cases} 0, & \omega = \text{“没有次品”}, \\ 1, & \omega = \text{“有 1 件次品”}, \\ 2, & \omega = \text{“有 2 件次品”}, \\ 3, & \omega = \text{“有 3 件次品”}. \end{cases}$$

■例 2.2　在一批电子元件中任取一只测试，其使用寿命 X（单位：h）是一个变量，它的可能取值为 $[0, +\infty)$ 上的任意实数，样本空间为 $\Omega = \{\omega \mid \omega \geq 0\}$，则 X 可看作定义在 $\Omega = \{\omega \mid \omega \geq 0\}$ 的函数 $X = X(\omega) = \omega \in (0, +\infty)$.

■例 2.3　掷一枚质地均匀的硬币，观察正反面出现的情况. 该试验有两个可能的结果：即 $\Omega = \{出现正面，出现反面\}$ 试验结果是非数量性的. 为了便于研究，引入变量 X 取 1 表示“出现正面”，X 取 0 表示“出现反面”，则

$$X = X(\omega) = \begin{cases} 1, & \omega = \text{“出现正面”}, \\ 0, & \omega = \text{“出现反面”}. \end{cases}$$

一般情况下，有如下定义.

定义 2.1　设随机试验 E 的样本空间 $\Omega = \{\omega\}$，如果对于每一个样本点 $\omega \in \Omega$，都有一个实数 $X(\omega)$ 与之对应，称定义在 Ω 上的单值实值函数 $X(\omega)$ 为随机变量（random variable，r.v），简记为 X.

随机变量的定义

随机变量一般用大写字母 $X, Y, Z, \cdots$ 来表示，其取值用小写字母 $x, y, z, \cdots$ 来表示.

随机变量，表示的是试验结果和实数之间的对应关系，本质上与函数概念相同. 只不过在函数概念中，函数 $f(x)$ 的自变量是实数 x，而在随机变量的概念中，随机变量 $X(\omega)$ 的自变量是样本点 ω，因为对每一个试验结果，都有实数 $X(\omega)$ 与之对应，所以 $X(\omega)$ 的定义域是样本空间 Ω. 例如，例 2.1 中，事件“有 1 件次品”可以用 $\{X = 1\}$ 表示，例 2.2 中，事件“元件的使用寿命在 1000 h 与 2000 h 之间”可以用 $\{1000 < X < 2000\}$ 表示，这样可以把对事件的研究转化为对随机变量的研究.

随机变量因其取值方式不同，通常分为离散型和非离散型两类. 如果一个随机变量 X 的所有可能取值为有限多个或可列无穷个，则称其为**离散型随机变量**（discrete random variable），例

如：例 2.1 中的随机变量 X、某高铁站候车室某一天的旅客数量、诗词大会上某一题的亮灯人数等都是离散型随机变量. 非离散型随机变量中最重要的是连续型随机变量. 如果一个随机变量的所有可能取值充满某个区间 (a,b)，则称其为**连续型随机变量**（continuous random variable），其中 a 可以是 $-\infty$，b 可以是 $+\infty$，例如：联想计算机的使用寿命 Y 是一个连续型随机变量，Y 的所有可能取值为区间 $(0,+\infty)$，事件 B 表示"使用寿命介于 10000 h 与 50000 h 之间"，可表示成 $B=\{10000 \leqslant Y \leqslant 50000\}$.

随机变量的引入是概率论走向成熟的一个标志. 引入随机变量后，对随机现象统计规律的研究，就由对事件及事件概率的研究转化为对随机变量及其取值规律的研究，从而可以使用数学中的微积分的方法讨论随机变量的分布.

2.1.2 分布函数

概率统计的任务是研究随机现象（随机变量）的统计规律，那么该如何描述这个规律呢？为了研究 X 的统计规律性，引入分布函数的定义.

定义 2.2 设 X 是一个随机变量，对任意实数 $x \in (-\infty,+\infty)$，则函数
$$F(x)=P\{X \leqslant x\}$$
称为随机变量 X 的**分布函数**（distribution function）.

分布函数的定义

由分布函数 $F(x)$ 的定义可知，对任意实数 $-\infty < a < b < +\infty$，有
$$P\{a < X \leqslant b\} = P\{X \leqslant b\} - P\{X \leqslant a\} = F(b) - F(a),$$
因此，如果已知随机变量 X 的分布函数 $F(x)$ 就能确定 X 落在任一区间 $(a,b]$ 的概率. 在这个意义上，分布函数完整地描述了随机变量的统计规律性.

■**例 2.4** 从装有 3 个白球 2 个黑球的袋中不放回取 3 只球，求取到黑球数 X 的分布函数.

解 由于 X 的可能取值为 $0,1,2$，且
$$P\{X=0\}=\frac{C_3^3}{C_5^3}=\frac{1}{10}, \quad P\{X=1\}=\frac{C_2^1 C_3^2}{C_5^3}=\frac{3}{5}, \quad P\{X=2\}=\frac{C_2^2 C_3^1}{C_5^3}=\frac{3}{10}.$$

由分布函数的定义 $F(x)=P\{X \leqslant x\}$，因此

当 $x<0$ 时，$F(x)=P\{X \leqslant x\}=0$；

当 $0 \leqslant x < 1$ 时，$F(x)=P\{X \leqslant x\}=P\{X=0\}=\dfrac{1}{10}$；

当 $1 \leqslant x < 2$ 时，$F(x)=P\{X \leqslant x\}=P\{X=0\}+P\{X=1\}=\dfrac{7}{10}$；

当 $x \geqslant 2$ 时，$F(x)=P\{X \leqslant x\}=P\{X=0\}+P\{X=1\}+P\{X=2\}=1$.

综上所述，X 的分布函数为
$$F(x)=\begin{cases} 0, & x<0, \\ \dfrac{1}{10}, & 0 \leqslant x < 1, \\ \dfrac{7}{10}, & 1 \leqslant x < 2, \\ 1, & x \geqslant 2. \end{cases}$$

$F(x)$ 的图形如图 2.1 所示，它是一条阶梯形的曲线.

从例 2.4 的分布函数及其曲线图形中可看到分布函数具有右连续、单调不减等性质，具体来说，分布函数具有以下 3 个性质.

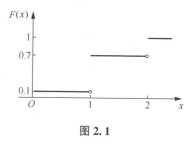

图 2.1

(1)(单调性) $F(x)$ 是变量 x 的单调不减函数，即当 $x_1 < x_2$ 时，有 $F(x_1) \leqslant F(x_2)$.

(2)(有界性) $0 \leqslant F(x) \leqslant 1$，且 $F(-\infty) = \lim\limits_{x \to -\infty} F(x) = 0$，$F(+\infty) = \lim\limits_{x \to +\infty} F(x) = 1$.

(3)(右连续性) $F(x)$ 右连续，即 $F(x+0) = F(x)$.

分布函数一定具有这 3 个性质，反之，若一个函数 $F(x)$ 具有上述 3 个性质，则它必是某一随机变量的分布函数. 因此，这 3 个性质可以作为判别一个函数是否能成为分布函数的充要条件.

■**例 2.5** 设随机变量 X 的分布函数为

$$F(x) = \begin{cases} A + Be^{-\lambda x}, & x > 0, \\ 0, & x \leqslant 0. \end{cases}$$

其中 $\lambda > 0$，求：

(1)常数 A 与 B；

(2)$P\{-1 \leqslant X < 1\}$.

解 (1)由分布函数的性质，可得 $1 = F(+\infty) = \lim\limits_{x \to +\infty} F(x) = \lim\limits_{x \to +\infty} (A + Be^{-\lambda x}) = A$，即 $A = 1$，又因为 $F(x)$ 是右连续的，$F(0+0) = F(0) = 0$，得 $A + B = 0$，故 $B = -1$，从而

$$F(x) = \begin{cases} 1 - e^{-\lambda x}, & x > 0, \\ 0, & x \leqslant 0. \end{cases}$$

(2)$P\{-1 \leqslant X < 1\} = F(1) - F(-1) = 1 - e^{-\lambda}$.

引入随机变量和分布函数这两个概念，就如同在随机现象和微积分之间架起一座桥梁.

习题 2.1

1. 用随机变量表示下列随机试验的结果，并指出哪些为离散型随机变量？
(1)中午食堂打饭的排队等候时间；
(2)某段时间内，高铁站内的旅客人数；
(3)新生婴儿的性别；
(4)某品牌空调的使用寿命.

2. 下列函数中，哪个是随机变量的分布函数？

(1)$F(x) = \begin{cases} 0, & x < -2, \\ \dfrac{1}{2}, & -2 \leqslant x < 0, \\ 2, & x \geqslant 0; \end{cases}$

(2)$F(x) = \begin{cases} 0, & x < 0, \\ \sin x, & 0 \leqslant x < \pi, \\ 1, & x \geqslant \pi; \end{cases}$

$$(3)F(x)=\begin{cases}0, & x<0,\\ \sin x, & 0\leqslant x<\dfrac{\pi}{2},\\ 1, & x\geqslant\dfrac{\pi}{2};\end{cases}\qquad (4)F(x)=\begin{cases}0, & x<0,\\ x+\dfrac{1}{3}, & 0\leqslant x<\dfrac{1}{2},\\ 1, & x\geqslant\dfrac{1}{2}.\end{cases}$$

3. 设随机变量 X 的分布函数为 $F(x)=\begin{cases}0, & x\leqslant 0,\\ A+Be^{-\frac{x^2}{2}}, & x>0,\end{cases}$ 求

(1) 常数 A 与 B；

(2) $P\{X\geqslant 2\}$；

(3) $P\{-2\leqslant X<1\}$；

(4) $P\left\{X=\dfrac{1}{3}\right\}$.

4. 在区间 $[a,b]$ 中随机取一数 X，求 X 的分布函数.

2.2 离散型随机变量及其分布律

2.2.1 离散型随机变量的分布律

离散型随机变量
分布律的定义

如果一个随机变量 X 的所有可能取值为有限多个或可列无穷个，则称其为**离散型随机变量**，例如：某高铁站候车室某一天的旅客数量、诗词大会上某一题的亮灯人数等都是离散型随机变量.

定义 2.3 若离散型随机变量 X 的所有可能取值为 $x_1,x_2,\cdots,x_k,\cdots$，称

$$P\{X=x_k\}=p_k, \quad k=1,2,\cdots$$

为离散型随机变量 X 的**概率分布**（probability distribution），也称**分布律**（low of distribution）.

离散型随机变量的分布律可写成如下表格形式.

X	x_1	x_2	$\cdots$	x_k	$\cdots$
P	p_1	p_2	$\cdots$	p_k	$\cdots$

由概率的定义，离散型随机变量的分布律具有以下两条性质.

(1)（**非负性**） $p_k\geqslant 0$，$k=1,2,\cdots$

(2)（**规范性**） $\displaystyle\sum_{k=1}^{\infty}p_k=1$.

这两条性质也是判别某一数列是否能成为分布律的充要条件.

例 2.6 讨论例 2.1 中随机产品中次品件数 X，它所有可能取值是 $0,1,2,3$. 则 X 的分布律为

$$P\{X=0\}=\frac{C_5^3}{C_{10}^3}=\frac{1}{12}, \quad P\{X=1\}=\frac{C_5^1C_5^2}{C_{10}^3}=\frac{5}{12},$$

$$P\{X=2\}=\frac{C_5^2C_5^1}{C_{10}^3}=\frac{5}{12}, \quad P\{X=3\}=\frac{C_5^3}{C_{10}^3}=\frac{1}{12}.$$

因此可得 X 的分布律如下：

X	0	1	2	3
P	1/12	5/12	5/12	1/12

■**例 2.7**　设随机变量 X 的分布律为

$$P\{X=k\}=c\frac{\lambda^k}{k!},\ k=0,1,2,\cdots,\lambda>0,$$

试确定常数 c.

　　解　由分布律的性质可得

$$c \geqslant 0,\ 且 \sum_{k=0}^{\infty} c\frac{\lambda^k}{k!}=ce^\lambda=1.$$

由此解得 $c=\mathrm{e}^{-\lambda}$.

2.2.2　常用的离散型随机变量

下面介绍 3 种常用的离散型随机变量.

1. 0-1 分布

若随机变量 X 的分布律为

$$P\{X=x\}=p^x(1-p)^{1-x},x=0,1,$$

将其写成如下表格形式

X	0	1
P	$1-p$	p

其中 $0<p<1$，则称 X 服从参数为 p 的 **0-1 分布**（0-1 distribution），记作 $X\sim B(1,p)$.

0-1 分布有着广泛的实际背景. 对于一个随机试验，如果样本空间 Ω 只包含 2 个元素，则总能在 Ω 上定义一个服从 0-1 分布的随机变量来描述这个随机试验的结果. 例如检验产品质量是否合格、某人一次射击是否中靶、一个人是否处于健康状态等都可以用服从 0-1 分布的随机变量描述.

2. 二项分布

如果在随机试验中只考虑两个可能的结果：事件 A 发生或事件 A 不发生，则称这样的试验为伯努利试验. 将伯努利试验在相同条件下独立地重复 n 次，称为 n 重伯努利试验.

在 n 重伯努利试验中，事件 A 在每次试验中发生的概率为 P，事件 A 发生的次数记为 X，则随机变量 X 服从参数为 n，p 的二项分布，这是二项分布的实际背景.

若随机变量 X 的分布律为

$$P\{X=k\}=\mathrm{C}_n^k p^k(1-p)^{n-k},\ k=0,1,2,\cdots,n,$$

其中 n 为正整数，$0<p<1$，则称 X 服从参数为 n,p 的**二项分布**（binomial distribution），记作 $X\sim B(n,p)$.

二项分布是一种常用的离散性分布，特别地，当 $n=1$ 时，二项分布就成为 0-1 分布.

■例 2.8　从学校乘汽车到高铁站途中有 6 个十字路口，假设在各个路口是否遇到红灯是相互独立的事件，并且遇到红灯的概率都是 $\frac{1}{3}$，设 X 为途中遇到红灯的次数，

（1）求 X 的分布律；

（2）求汽车行驶途中至少遇到 5 次红灯的概率.

解　从学校到高铁站的途中有 6 个十字路口，且每次遇到红灯的概率为 $\frac{1}{3}$，可认为做 6 次重复独立的试验，每次试验中遇到红灯的概率为 $\frac{1}{3}$，则 $X\sim B\left(6,\frac{1}{3}\right)$，于是 X 的分布律为：

（1）$P\{X=k\}=C_6^k\left(\frac{1}{3}\right)^k\left(\frac{2}{3}\right)^{6-k}$，$k=0,1,\cdots,6$；

（2）$P\{X\geqslant5\}=P\{X=5\}+P\{X=6\}=C_6^5\left(\frac{1}{3}\right)^5\left(\frac{2}{3}\right)+\left(\frac{1}{3}\right)^6=\frac{13}{729}$.

■例 2.9　设某保险公司的某人寿保险险种由 1000 人投保，每个投保人在一年内死亡的概率为 0.005，且每个人在一年内是否死亡是相互独立的，试求在未来一年中这 1000 个投保人中死亡人数不超过 10 人的概率.

解　设在未来一年中这 1000 个投保人中死亡人数为 X，则有 $X\sim B(1000,0.005)$，要求

$$P(X\leqslant10)=\sum_{k=0}^{10}C_{1000}^k 0.005^k 0.995^{1000-k}\approx0.986305.$$

在二项分布的概率计算中，如果 n 很大，计算量将十分大，为了简化计算，当 n 较大，p 较小可以使用下列公式：

$$C_n^k p^k(1-p)^{n-k}\approx\frac{\lambda^k}{k!}e^{-\lambda},\ k=0,1,2,\cdots,n,$$

其中 $\lambda=np$.

上述公式的计算量很大，计算比较困难，为了简化计算，令 $\lambda=np=5$，用泊松分布近似得

$$P(X\leqslant10)\approx\sum_{k=0}^{10}e^{-5}\frac{5^k}{k!}\approx0.986305.$$

3. 泊松分布

若随机变量 X 的分布律为

$$P\{X=k\}=\frac{\lambda^k}{k!}e^{-\lambda},k=0,1,2,\cdots$$

其中 $\lambda>0$ 是常数，则称 X 服从参数为 λ 的**泊松分布**（Poisson distribution），记作 $X\sim P(\lambda)$.

■例 2.10　某市的 120 电话每分钟接到的呼叫次数服从参数为 5 的泊松分布，求每分钟接到的呼叫次数大于 4 的概率.

解　设每分钟 120 电话接到的呼叫次数为 X，$\lambda=5$，则 $X\sim P(5)$，

$$P\{X>4\}=1-P\{X\le 4\}=1-(P\{X=0\}+P\{X=1\}+P\{X=2\}+P\{X=3\}+P\{X=4\})$$
$$=1-\left(\sum_{k=0}^{4}\frac{5^{k}e^{-5}}{k!}\right)\approx 0.55952.$$

泊松分布是概率论中最重要的分布之一，作为二项分布的近似，是 1837 年由法国数学家泊松引入的. 在实际问题中服从或近似服从泊松分布的随机变量也很常见，例如，单位时间内，某地区发生的交通事故次数；一本书上的印刷错误数；某一时段内某网站的点击量；一段时间内某放射物放射的粒子数；一段时间内某容器内的细菌数等都可用泊松分布来描述.

例 2.11　某人射击的命中率为 0.02，他独立射击 500 次，试求其命中次数不少于 2 的概率.

解　设命中次数为随机变量 X，则 $X\sim B(500,0.02)$，所求概率为
$$P\{X\ge 2\}=1-P\{X<2\}=1-P\{X=0\}-P\{X=1\},$$
其中 $\lambda=np=10$，
$$P\{X=0\}=C_{500}^{0}(0.02)^{0}(0.98)^{500}\approx\frac{10^{0}e^{-10}}{0!}\approx 0.00004,$$
$$P\{X=1\}=C_{500}^{1}(0.02)(0.98)^{499}\approx\frac{10^{0}e^{-10}}{1!}\approx 0.00045,$$
因此
$$P\{X\ge 2\}\approx 1-0.00004-0.00045=0.99951.$$

习题 2.2

1. 设随机变量 X 的分布律的表格形式如下.

X	1	2	3	4	8
P	0.2	0.1	0.3	0.2	A

求：(1)常数 A；(2)$P\{1<X\le 3\}$；(3)$P\{X>2.3\}$.

2. 设随机变量 X 的分布律为 $P\{X=k\}=\dfrac{ak}{18}$，$(k=1,2,\cdots,9)$. (1)求常数 a；(2)求概率 $P\{X=1$ 或 $X=4\}$；(3)求概率 $P\left\{-1\le X\le\dfrac{7}{2}\right\}$.

3. 已知随机变量 X 的分布函数为
$$F(x)=\begin{cases}0,&x<0,\\0.8,&0\le x<1,\\1,&x\ge 1.\end{cases}$$
求随机变量 X 的分布律.

4. 盒中有 5 只球，编号分别为 1，2，3，4，5，现在从盒中同时取出 3 只球，用 X 表示取出的 3 只球中最大的编号，写出 X 的分布律.

5. 一批零件中有 9 个正品和 3 个次品，现从中任取一个，如果每次取出的是次品，则不放回，再取下一个，直到取到正品为止，求在取到正品以前已取出次品数的分布律.

6. 某书出版了 2000 册，因装订等原因造成错误的概率为 0.001，试求在这 2000 册书中没有错误的概率.

7. 已知某种疾病的发病率为 0.001，某单位共有 5000 人，问该单位患有这种疾病的人数超过 5 的概率是多少?

8. 某一城市每天发生火灾的次数 X 服从参数为 0.8 的泊松分布，求该城市一天内发生 3 次或 3 次以上火灾的概率.

9. 已知某购物网站每周销售的某款手表的数量 X 服从参数为 6 的泊松分布，问周初至少预备多少货物才能保证该周不脱销的概率不小于 0.9. 假定上周没有库存，且本周不再进货.

10. 2500 人参加了保险公司的一项人寿保险. 在一年中每个人死亡的概率均为 0.002，每个参加保险的人一年付给保险公司 120 元保险费，而在死亡时家属可从保险公司领取 2 万元赔偿金. 求:
(1) 保险公司亏本的概率;
(2) 保险公司获利不少于 10 万元的概率.

2.3　连续型随机变量

2.3.1　连续型随机变量的概率密度

定义 2.4　设 $F(x)$ 为随机变量 X 的分布函数，如果存在非负函数 $f(x)$，使得对任意实数 $x \in (-\infty, +\infty)$，有

$$F(x) = P\{X \leq x\} = \int_{-\infty}^{x} f(t)\,\mathrm{d}t,$$

则称 X 为**连续型随机变量**，$f(x)$ 为 X 的**概率密度函数**(probability density function)，简称**概率密度**或**密度**.

连续型随机变量 X 的分布函数 $F(x)$ 与概率密度函数 $f(x)$ 的几何意义如图 2.2 所示，$F(x)$ 是图中阴影部分的面积.

根据上述定义，可知概率密度具有下列性质:
(1)(**非负性**)　$f(x) \geq 0$;
(2)(**规范性**)　$\int_{-\infty}^{+\infty} f(x)\,\mathrm{d}x = 1$.

可以证明，满足上述两条性质的 $f(x)$ 必是某一随机变量的概率密度函数. 这两条性质是判别某个函数能否称为概率密度的充要条件.

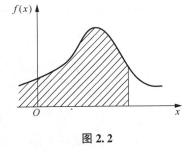

图 2.2

下面讨论连续型随机变量分布函数的性质.

定理 2.1　设 X 为连续型随机变量，$F(x)$ 为 X 的分布函数，$f(x)$ 为 X 的概率密度，则
(1) $F(x)$ 在 $(-\infty, +\infty)$ 上连续，在 $f(x)$ 的连续点 x 处，$F'(x) = f(x)$;
(2) X 取任一实数的概率为零，即 $P\{X = a\} = 0$;
(3) 对任意实数 a，b，若 $a < b$，则

$$P\{a<X\leqslant b\}=P\{a\leqslant X<b\}=P\{a\leqslant X\leqslant b\}$$
$$=P\{a<X<b\}=F(b)-F(a)$$
$$=\int_a^b f(x)\,\mathrm{d}x.$$

(3)的几何意义：随机变量 X 落入区间 $[a,b]$ 内的概率等于曲线 $f(x)$ 在区间 $[a,b]$ 上形成的曲边梯形的面积.

例 2.12　设随机变量 X 的概率密度为

$$f(x)=\begin{cases}\dfrac{a}{\sqrt{1-x^2}}, & |x|<1,\\ 0, & |x|\geqslant1.\end{cases}$$

求：(1)常数 a；

(2) X 落在 $\left(-\dfrac{1}{2},\dfrac{1}{2}\right)$ 的概率；

(3) X 的分布函数 $F(x)$.

解　(1)由概率密度的规范性，有

$$1=\int_{-\infty}^{+\infty}f(x)\,\mathrm{d}x=\int_{-1}^{+1}\frac{a}{\sqrt{1-x^2}}\mathrm{d}x$$
$$=2a\int_0^{+1}\frac{1}{\sqrt{1-x^2}}\mathrm{d}x=2a\arcsin x\,\Big|_0^1$$
$$=2a\times\frac{\pi}{2}=\pi a,$$

所以 $a=\dfrac{1}{\pi}$.

$$(2)P\left(-\frac{1}{2}<x<\frac{1}{2}\right)=\int_{-\frac{1}{2}}^{\frac{1}{2}}\frac{1}{\pi}\frac{1}{\sqrt{1-x^2}}\mathrm{d}x=\frac{2}{\pi}\int_0^{\frac{1}{2}}\frac{1}{\sqrt{1-x^2}}\mathrm{d}x$$
$$=\frac{2}{\pi}\arcsin x\,\Big|_0^{\frac{1}{2}}=\frac{2}{\pi}\times\frac{\pi}{6}=\frac{1}{3}.$$

(3) 当 $x<-1$ 时，$F(x)=\int_{-\infty}^x 0\mathrm{d}t=0$；

当 $-1\leqslant x<1$ 时，$F(x)=\int_{-\infty}^x f(t)\mathrm{d}t=\int_{-\infty}^0 0\mathrm{d}t+\int_{-1}^x\frac{1}{\pi}\frac{1}{\sqrt{1-t^2}}\mathrm{d}t=\frac{1}{\pi}\left(\arcsin x+\frac{\pi}{2}\right)$；

当 $x\geqslant1$ 时，$F(x)=\int_{-\infty}^x f(t)\mathrm{d}t=\int_{-\infty}^0 0\mathrm{d}t+\int_{-1}^1\frac{1}{\pi}\frac{1}{\sqrt{1-t^2}}\mathrm{d}t+\int_1^x 0\mathrm{d}t=1.$

所以 X 的分布函数为

$$F(x)=\begin{cases}0, & x<-1,\\ \dfrac{1}{\pi}\arcsin x+\dfrac{1}{2}, & -1\leqslant x<1,\\ 1, & x\geqslant1.\end{cases}$$

例 2.13 设随机变量 X 的分布函数为

$$F(x) = \begin{cases} 0, & x<0, \\ x^2, & 0 \leqslant x<1, \\ 1, & x \geqslant 1. \end{cases}$$

求：(1)概率 $P\{0.3<X<0.7\}$；(2)X 的概率密度.

解 (1)$P\{0.3<X<0.7\} = F(0.7)-F(0.3) = 0.7^2-0.3^2 = 0.4$；

(2)X 的概率密度为

$$f(x) = F'(x) = \begin{cases} 0, & x \leqslant 0, \\ 2x, & 0<x<1, \\ 0, & x \geqslant 1 \end{cases} = \begin{cases} 2x, & 0<x<1, \\ 0, & 其他. \end{cases}$$

2.3.2 常用的连续型随机变量

1. 均匀分布

若随机变量 X 概率密度为

$$f(x) = \begin{cases} \dfrac{1}{b-a}, & a<x<b, \\ 0, & 其他, \end{cases}$$

则称 X 服从区间(a,b)上的**均匀分布**(uniform distribution)，记为 $X \sim U(a,b)$.

均匀分布的分布函数为

$$F(x) = \begin{cases} 0, & x \leqslant a, \\ \dfrac{x-a}{b-a}, & a<x<b, \\ 1, & x \geqslant b. \end{cases}$$

均匀分布的概率密度和分布函数如图 2.3 所示.

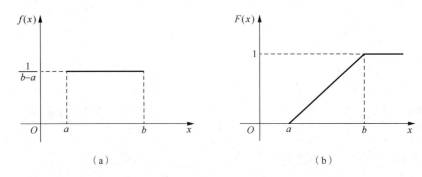

(a) (b)

图 2.3

若 X 在(a,b)上服从均匀分布，则对于满足 $a<c<d<b$ 的 c 和 d，可得

$$P\{c<X<d\} = \int_c^d f(x)\,\mathrm{d}x = \frac{c-d}{b-a}.$$

这表明随机变量 X 取值于(a,b)中任一子区间的概率与该子区间的长度成正比，而与子区间的位置无关. 这就是均匀分布的意义.

均匀分布是一种常见的分布，例如计算机产生的随机数、定点计算的舍入误差、乘客在公共车站的候车时间等，此外，在随机模拟中亦有广泛的应用.

■例 2.14 在某公共汽车起点站，每隔 10 min 发出一辆客车，一位乘客会在任意时刻到站候车，求该乘客候车超过 3 min 的概率.

解 设乘客候车时间为随机变量 X，由题意可知，X 服从 $(0，10)$ 上的均匀分布，其概率密度为

$$f(x) = \begin{cases} \dfrac{1}{10}, & 0 < x < 10, \\ 0, & 其他. \end{cases}$$

则
$$P\{X > 3\} = \int_3^{+\infty} f(x)\,\mathrm{d}x = \int_3^{10} \frac{1}{10}\mathrm{d}x + \int_{10}^{+\infty} 0\,\mathrm{d}x = \frac{7}{10}.$$

2. 指数分布

若随机变量 X 概率密度为

$$f(x) = \begin{cases} \lambda \mathrm{e}^{-\lambda x}, & x > 0, \\ 0, & x \leqslant 0. \end{cases}$$

其中参数 $\lambda > 0$，则称 X 服从参数为 λ 的**指数分布**（exponential distribution），记为 $X \sim E(\lambda)$.

指数分布的分布函数为

$$F(x) = \begin{cases} 1 - \mathrm{e}^{-\lambda x}, & x > 0, \\ 0, & x \leqslant 0. \end{cases}$$

指数分布的概率密度和分布函数如图 2.4 所示.

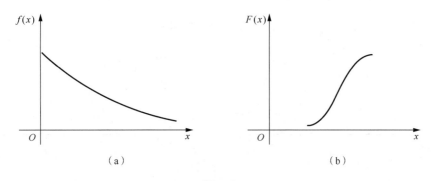

（a）   （b）

图 2.4

指数分布常用作各种"寿命"分布的近似，如无线电元件的寿命、动物的寿命、随机服务系统的服务时间等，在可靠性与排队论中也有着广泛的应用. 指数分布有一个有趣的性质，具有"无记忆性"，即对任意 $s，t > 0$，有

$$P\{X > s + t \mid X > s\} = P\{X > t\}.$$

事实上

$$P\{X > s + t \mid X > s\} = \frac{P\{X > s，X > s + t\}}{P\{X > s\}} = \frac{P\{X > s + t\}}{P\{X > s\}}$$

$$= \frac{1 - F(s + t)}{1 - F(s)} = \frac{\mathrm{e}^{-\lambda(s+t)}}{\mathrm{e}^{-\lambda s}} = \mathrm{e}^{-\lambda t} = P\{X > t\}.$$

如果用 X 表示某一元件的寿命，那么上式表明，在已知元件已经使用了 s 时间的条件下，还能至少使用 t 时间的概率，与从开始使用时算起它至少能使用 t 的概率相等. 这就是说元件对它使用过 s 时间没有记忆，这一性质称为"无记忆性".

■**例 2.15** 设某品牌空调的寿命 X(单位：年)服从 $\lambda = 10$ 指数分布，求：(1)空调能够使用 10 年的概率；(2)一台已经正常使用了 10 年的空调，还能再使用 10 年的概率.

解 (1) $P\{X \geqslant 10\} = 1 - P\{X < 10\} = 1 - F(10) = \mathrm{e}^{-1} \approx 0.37$；

$$(2)\, P\{X \geqslant 10+10 \mid X \geqslant 10\} = \frac{P\{X \geqslant 20\} \cap P\{X \geqslant 10\}}{P\{X \geqslant 10\}}$$

$$= \frac{P\{X \geqslant 20\}}{P\{X \geqslant 10\}} = \frac{\mathrm{e}^{-2}}{\mathrm{e}^{-1}} = \mathrm{e}^{-1} \approx 0.37.$$

3. 正态分布

若随机变量的 X 的概率密度为

$$f(x) = \frac{1}{\sqrt{2\pi}\,\sigma}\mathrm{e}^{-\frac{(x-\mu)^2}{2\sigma^2}}, \quad -\infty < x < +\infty.$$

其中 μ，$\sigma(\sigma > 0)$ 是常数，则称 X 服从参数为 μ，σ^2 的**正态分布**(normal distribution)，记为 $X \sim N(\mu, \sigma^2)$.

正态分布

正态分布的分布函数为

$$F(x) = P\{X \leqslant x\} = \int_{-\infty}^{x} \frac{1}{\sqrt{2\pi}\,\sigma}\mathrm{e}^{-\frac{(t-\mu)^2}{2\sigma^2}}\,\mathrm{d}t.$$

正态分布的概率密度函数和分布函数如图 2.5 所示.

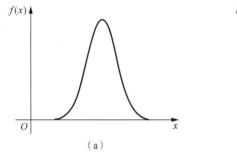

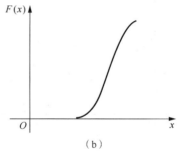

图 2.5

正态分布是概率论与数理统计中最重要的分布之一，高斯首先在研究误差理论时用正态分布来描述误差的分布，所以正态分布又称高斯分布. 若某一随机变量受到诸多随机因素的影响，而这些因素相互独立，每个因素的影响都不能起决定作用(作用微小)，但这些影响结果可相互叠加，则这个随机变量服从或近似服从正态分布. 例如，产品的质量指标，元件的尺寸，某地区成年男子的身高、体重，测量误差，农作物的产量等，都服从或近似服从正态分布.

正态分布的概率密度函数 $f(x)$ 有如下性质.

(1)(**奇偶性**)　曲线关于直线 $x = \mu$ 对称.

(2)(**单调性**)　曲线在 $x = \mu$ 处取得最大值 $f(\mu) = \frac{1}{\sqrt{2\pi}\,\sigma}$，当 $x < \mu$，$f(x)$ 单调增加，当 $x > \mu$，

$f(x)$ 单调减小.

(3)**(凸凹性)** 密度曲线在 $\mu \pm \sigma$ 处有拐点.

(4)**(连续型)** $f(x)$ 是定义在 $-\infty < x < +\infty$ 上,位于 x 轴上方的一条连续曲线,以 x 轴为渐近线.

(5)若固定 μ,当 σ 越小时图形越陡峻(见图 2.6),因而 X 落在 μ 附近的概率越大. 若固定 σ,当 μ 值改变,则图形沿 x 轴平移而不改变形状.

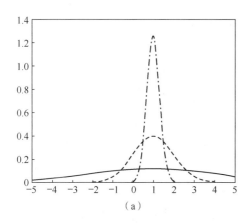 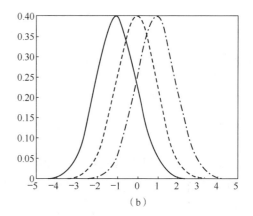

（a）　　　　　　　　　　　　（b）

图 2.6

在正态分布中,当 $\mu=0$,$\sigma=1$ 时,称 X 服从**标准正态分布**(standard normal distribution), 记为 $X \sim N(0,1)$,其概率密度函数用 $\varphi(x)$ 表示,即

$$\varphi(x) = \frac{1}{\sqrt{2\pi}} e^{-\frac{x^2}{2}}, \quad -\infty < x < +\infty.$$

分布函数用 $\Phi(x)$ 表示,即

$$\Phi(x) = \frac{1}{\sqrt{2\pi}} \int_{-\infty}^{x} e^{-\frac{t^2}{2}} dt, \quad -\infty < x < +\infty.$$

由于标准正态分布的概率密度函数关于 y 轴对称,所以

$$\Phi(-x) = 1 - \Phi(x),$$

$$\Phi(-x) = \frac{1}{\sqrt{2\pi}} \int_{-\infty}^{-x} e^{-\frac{t^2}{2}} dt \overset{t=-y}{=\!=\!=} -\frac{1}{\sqrt{2\pi}} \int_{+\infty}^{x} e^{-\frac{y^2}{2}} dy$$

$$= \frac{1}{\sqrt{2\pi}} \int_{x}^{+\infty} e^{-\frac{t^2}{2}} dt = 1 - \frac{1}{\sqrt{2\pi}} \int_{-\infty}^{x} e^{-\frac{t^2}{2}} dt = 1 - \Phi(x).$$

$\Phi(x)$ 的计算比较复杂,为了使用方便,附录 3"标准正态分布表"可供读者计算时查阅. 例如

$$\Phi(1) = P\{X \leqslant 1\} = 0.8413, \quad \Phi(-0.5) = 1 - \Phi(0.5) = 1 - 0.6915 = 0.3085.$$

标准正态分布的计算可以通过查表解决,对于一般正态分布,则要通过一个线性变换将它变成标准正态分布来计算.

定理 2.2 若 $X \sim N(\mu, \sigma^2)$,则有 $\dfrac{X-\mu}{\sigma} \sim N(0,1)$.

证明 设 $Z = \dfrac{X-\mu}{\sigma}$ 的分布函数为 $F(Z)$,

$$F(Z) = P\{Z \leqslant x\} = P\left\{\frac{X-\mu}{\sigma} \leqslant x\right\} = P\{X \leqslant \mu + \sigma x\}$$

$$= \int_{-\infty}^{\mu+\sigma x} \frac{1}{\sqrt{2\pi}\,\sigma} e^{-\frac{(t-\mu)^2}{2\sigma^2}} \mathrm{d}t.$$

令 $\dfrac{t-\mu}{\sigma} = s$，得

$$F(Z) = \int_{-\infty}^{z} \frac{1}{\sqrt{2\pi}} e^{-\frac{s^2}{2}} \mathrm{d}s = \Phi(z),$$

所以 $Z = \dfrac{X-\mu}{\sigma} \sim N(0,1)$，证毕.

■例 2.16 设随机变量 $X \sim N(3,4)$，求：

(1) $P\{-2 < X < 3\}$；

(2) $P\{|X| < 1\}$；

(3) 常数 c，使得 $P\{X > c\} = P\{X \leqslant c\}$.

解 (1) 因为 $X \sim N(3,4)$，所以

$$P\{-2 < X < 3\} = P\left\{\frac{3-3}{2} < \frac{X-3}{2} < \frac{-2-3}{2}\right\}$$

$$= \Phi(0) - \Phi(-2.5)$$

$$= \Phi(0) - 1 + \Phi(2.5) = 0.4938;$$

$$(2)\ P\{|X| < 1\} = P\{-1 < X < 1\} = P\left\{\frac{-1-3}{2} < \frac{X-3}{2} < \frac{1-3}{2}\right\}$$

$$= \Phi(-1) - \Phi(-2) = \Phi(2) - \Phi(1) = 0.0254;$$

(3) 因为 $P\{X > c\} = 1 - P\{X \leqslant c\} = P\{X \leqslant c\}$，所以 $P\{X \leqslant c\} = 0.5$，即 $\Phi\left(\dfrac{c-3}{2}\right) = 0.5$，从而 $\dfrac{c-3}{2} = 0$，即 $c = 3$.

■例 2.17 某地抽样调查结果表明，考生的外语成绩（百分制）近似服从正态分布，$\mu = 72$ 分为平均成绩，96 分以上的考生人数占考生总数的 2.3%，试求考生的外语成绩在 60 分至 84 分之间的概率.

解 设 X 表示考生的考试成绩，则 $X \sim N(72, \sigma^2)$，由已知条件可得

$$P\{X \geqslant 96\} = 1 - P\{X < 96\} = 1 - P\left\{\frac{X-\mu}{\sigma} < \frac{96-72}{\sigma}\right\} = 1 - \Phi\left(\frac{24}{\sigma}\right) = 0.023,$$

即

$$\Phi\left(\frac{24}{\sigma}\right) = 0.977,$$

查表得 $\Phi(2) = 0.977$，即 $\dfrac{24}{\sigma} = 2$，所以 $\sigma = 12$，于是

$$P\{60 < X < 84\} = P\left\{\frac{60-72}{12} < \frac{X-\mu}{\sigma} < \frac{84-72}{\sigma}\right\}$$

$$= \Phi(1) - \Phi(-1) = 0.6826.$$

■**例 2.18** 设 $X \sim N(\mu, \sigma^2)$，求：$(1) P\{|X-\mu|<\sigma\}$；$(2) P\{|X-\mu|<2\sigma\}$；$(3) P\{|X-\mu|<3\sigma\}$.

解 $(1) P\{|X-\mu|<\sigma\} = P\{-\sigma<X-\mu<\sigma\} = P\left\{-1<\dfrac{X-\mu}{\sigma}<1\right\}$

$$= \Phi(1) - \Phi(-1) = 2\Phi(1) - 1 = 0.6826;$$

$(2) P\{|X-\mu|<2\sigma\} = P\{-2\sigma<X-\mu<2\sigma\} = \Phi(2) - \Phi(-2) = 0.9544;$

$(3) P\{|X-\mu|<3\sigma\} = P\{-3\sigma<X-\mu<3\sigma\} = \Phi(3) - \Phi(-3) = 0.9974.$

尽管正态分布的随机变量 X 的取值范围是 $(-\infty, +\infty)$，但它的值几乎都集中在 $(\mu-3\sigma, \mu+3\sigma)$ 区间内，超出这个范围的可能性不到 0.3%，这在统计学上被称为 3σ 准则. 该法则在数理统计中有很重要的应用.

习题 2.3

1. 已知随机变量 X 的概率密度函数为

$$f(x) = \begin{cases} 2x, & 0<x<1, \\ 0 & \text{其他.} \end{cases}$$

求：$(1) P\{X \leqslant 0.5\}$；$(2) P\{X=0.5\}$；(3) 分布函数 $F(x)$.

2. 设随机变量 X 的概率密度为

$$f(x) = \begin{cases} kx, & 0 \leqslant x<3, \\ 2-\dfrac{x}{2}, & 3 \leqslant x<4, \\ 0, & \text{其他.} \end{cases}$$

(1) 确定常数 k；(2) 求 $P\left\{1<X \leqslant \dfrac{7}{2}\right\}$；$(3)$ 求 X 的分布函数.

3. 某条线路的公共汽车每隔 15 min 发一班车，某人来到车站的时间是随机的，问此人在车站至少要等 6 min 才能上车的概率是多少？

4. 连续型随机变量 X 的分布函数为 $F(x) = \begin{cases} 0, & x<0, \\ Ax^4, & 0 \leqslant x<1, \\ 1, & x \geqslant 1. \end{cases}$

求：(1) 常数 A；$(2) X$ 的概率密度函数；$(3) P\{1<X \leqslant 1\}$；$(4) P\{0.5 \leqslant X<2\}$.

5. 设随机变量 t 在区间 $(0, 5)$ 上服从均匀分布，求关于 x 的一元二次方程 $4x^2 + 4tx + t + 2 = 0$ 有实根的概率.

6. 某类节能灯管的使用寿命（单位：h）X 服从参数为 $\lambda = \dfrac{1}{2000}$ 的指数分布，任取一根灯管，求：(1) 能正常使用 1000 h 以上的概率；(2) 正常使用 1000 h 后还能使用 1000 h 以上的概率.

7. 设某类手机通用充电宝的充电时间 $X \sim E\left(\dfrac{1}{6}\right)$（单位：h）.$(1)$ 任取一块这类充电宝，求 7 h 内能完成充电的概率；(2) 某一该类充电宝，已经充电 3 h，求能在 7 h 内完成充电的概率.

8. 设 $X \sim N(3, 2^2)$，求：$(1) P\{2<X<5\}$，$P\{-1<X<7\}$；$(2) P\{|X|<3\}$，$P\{|X|>2\}$；

（3）确定 c，使 $P\{X>c\}=P\{X<c\}$.

9. 已知 $X\sim N(2,\sigma^2)$，$P\{2<X<4\}=0.3$，求 $P\{X<0\}$.

10. 设测量两地间的距离带有随机误差 X，其概率密度函数为

$$f(x)=\frac{1}{40\sqrt{2\pi}}e^{-\frac{(x-2)^2}{3200}},\quad -\infty<x<+\infty,$$

计算：（1）测量误差的绝对值不超过 30 的概率；（2）接连测量 3 次，每次测量相互独立进行，求至少有一次绝对误差不超过 30 的概率.

11. 某城市男子身高 $X\sim N(170,36)$，（1）应如何选择公共汽车车门的高度使男子与车门碰头的概率小于 0.01；（2）若车门高为 182 cm，求 100 个男子中与车门碰头的人数不多于 2 个的概率.

12. 某地区 18 岁女青年的血压（收缩压）服从 $N(110,12^2)$. 在该地区任选一位 18 岁女青年，测量她的血压，（1）求 $P\{X<105\}$，$P\{100<X<120\}$；（2）确定最小的 c，使 $P\{X>c\}\leqslant 0.05$.

2.4 随机变量函数的分布

在实际问题中，不仅要研究随机变量的分布，还要研究随机变量函数的分布. 例如某剧院每场演出销售的门票数是一个随机变量，票房的收入就是售出门票的函数. 又如在测量圆轴截面面积的试验中，所关心的随机变量——圆轴截面面积 Y 不能直接测量得到，只能直接测量圆轴截面的直径 X 这个随机变量，再根据 $Y=\frac{1}{4}\pi X^2$ 得到 Y，随机变量 Y 是随机变量 X 的函数.

设 X 是随机变量，$g(x)$ 是已知函数，那么 $Y=g(X)$ 是随机变量 X 的函数，它也是一个随机变量，试求 $Y=g(X)$ 的分布. 下面分别对离散型随机变量和连续型随机变量加以讨论.

2.4.1 离散型随机变量函数的分布

设离散型随机变量 X 的分布律为

X	x_1	x_2	$\cdots$	x_k	$\cdots$
P	p_1	p_2	$\cdots$	p_k	$\cdots$

则随机变量 $Y=g(x)$ 的分布律为

$Y=g(X)$	$g(x_1)$	$g(x_2)$	$\cdots$	$g(x_k)$	$\cdots$
P	p_1	p_2	$\cdots$	p_k	$\cdots$

若 $g(x_k)$ 中有相同的值时，则应把相同的值合并，并把对应的 p_k 合并相加.

例 2.19 设离散型随机变量 X 的分布律为

X	-1	0	1	2
P	0.2	0.3	0.4	0.1

计算(1)$Y=2X$ 的分布律;(2)$Z=X^2+1$ 的分布律.

解 由

X	-1	0	1	2
P	0.2	0.3	0.4	0.1
$Y=2X$	-2	0	2	4
$Z=X^2+1$	2	1	2	5

故(1)Y 的分布律为

$Y=2X$	-2	0	2	4
P	0.2	0.3	0.4	0.1

(2)Z 的分布律为

$Z=X^2+1$	1	2	5
P	0.3	0.6	0.1

2.4.2 连续型随机变量函数的分布

设连续型随机变量 X 的概率密度为 $f_X(x)$,求 $Y=g(x)$ 的概率密度 $f_Y(y)$ 的一般方法是

(1)求 $Y=g(x)$ 的分布函数

$$F_Y(y) = P\{Y \leqslant y\} = P\{g(X) \leqslant y\} = \int_{g(x) \leqslant y} f_X(x)\,\mathrm{d}x,$$

(2)求 Y 的概率密度 $f_Y(y)$

$$f_Y(y) = \frac{\mathrm{d}F_Y(y)}{\mathrm{d}y},$$

连续型随机变量
函数的分布

此法也叫"分布函数法".

■**例 2.20** 设连续型随机变量 X 的概率密度为

$$f_X(x) = \begin{cases} \dfrac{x}{2}, & 0<x<2, \\ 0, & \text{其他}. \end{cases}$$

求 $Y=2X+1$ 的概率密度.

解 $F_Y(y) = P\{Y \leqslant y\} = P\{2X+1 \leqslant y\} = P\left\{X \leqslant \dfrac{y-1}{2}\right\} = F_X\left(\dfrac{y-1}{2}\right),$

上式两边对 y 求导,得 Y 的概率密度为

$$f_Y(y) = \frac{1}{2}f_X\left(\frac{y-1}{2}\right) = \begin{cases} \dfrac{1}{2}\left(\dfrac{y-1}{2}\right) \cdot \dfrac{1}{2}, & 0<\dfrac{y-1}{2}<2, \\ 0, & \text{其他}. \end{cases}$$

整理得

$$f_Y(y) = \begin{cases} \dfrac{1}{8}(y-1), & 1<y<5, \\ 0, & 其他. \end{cases}$$

■**例 2.21** 设 $X \sim N(0,1)$，求 $Y=X^2$ 的概率密度.

解 X 的概率密度为

$$f_X(x) = \frac{1}{\sqrt{2\pi}} e^{-\frac{x^2}{2}}.$$

由于 $Y=X^2 \geq 0$，故当 $y \leq 0$ 时，

$$F_Y(y) = P\{Y \leq y\} = P\{X^2 \leq y\} = 0;$$

当 $y>0$ 时，

$$F_Y(y) = P\{Y \leq y\} = P\{X^2 \leq y\} = P\{-\sqrt{y} \leq X \leq \sqrt{y}\} = 2\Phi(\sqrt{y}) - 1.$$

因此 Y 的分布函数为

$$F_Y(y) = \begin{cases} 0, & y \leq 0, \\ 2\Phi(\sqrt{y}) - 1, & y>0. \end{cases}$$

从而 Y 的概率密度为

$$f_Y(y) = \frac{\mathrm{d}F_X(y)}{\mathrm{d}y} = \begin{cases} 0, & y \leq 0, \\ \Phi(\sqrt{y})y^{-\frac{1}{2}}, & y>0 \end{cases} = \begin{cases} 0, & y \leq 0, \\ \dfrac{1}{\sqrt{2\pi}}y^{-\frac{1}{2}}e^{-\frac{y}{2}}, & y>0. \end{cases}$$

利用分布函数法，可以推出如下定理.

定理 2.3 设连续型随机变量 X 的概率密度为 $f_X(x)$，函数 $y=g(x)$ 处处可导且恒有 $g'(x)>0$（或恒有 $g'(x)<0$），其反函数为 $x=h(y)$，则 $Y=g(X)$ 也是连续型随机变量，其概率密度为

$$f_Y(y) = \begin{cases} f_X[h(y)]\,|h'(y)|, & \alpha<y<\beta, \\ 0, & 其他, \end{cases}$$

其中 $\alpha = \min\{g(-\infty), g(+\infty)\}, \beta = \max\{g(-\infty), g(+\infty)\}$.

此定理也叫"公式法".

定理 2.3 的证明从略，下面用一个例子说明它的应用.

■**例 2.22** 设 $X \sim N(\mu, \sigma^2)$，求 $Y=aX+b$（a,b 为常数，且 $a \neq 0$）的概率密度.

解 设 $y=g(x)=ax+b$ 是单调函数，$y=g(x)$ 的反函数为 $x=h(y)=\dfrac{y-b}{a}$，且 $h'(y)=\dfrac{1}{|a|}$，$y=g(x)$ 的值域为 $(-\infty, +\infty)$，有

$$f_X(x) = \frac{1}{\sqrt{2\pi}\,\sigma} e^{-\frac{(x-\mu)^2}{2\sigma^2}},$$

故根据定理 2.3 可得

$$f_X[h(y)] = \frac{1}{\sqrt{2\pi}\,\sigma} e^{-\frac{\left(\frac{y-b}{a}-\mu\right)^2}{2\sigma^2}} = \frac{1}{\sqrt{2\pi}\,\sigma} e^{-\frac{[y-(a\mu+b)]^2}{2(a\sigma)^2}},$$

从而

$$f_Y(y) = \frac{1}{|a|} f_X[h(y)] = \frac{1}{\sqrt{2\pi}\,|a|\,\sigma} e^{-\frac{[y-(a\mu+b)]^2}{2(a\sigma)^2}}, \quad -\infty < y < +\infty.$$

上式表明 $Y \sim N(a\mu+b,(a\sigma)^2)$，从而说明服从正态分布的随机变量 X 的线性函数 $Y=aX+b$（$a \neq 0$）也服从正态分布.

注　若 $f_X(x)$ 在有限区间 $[a,b]$ 以外等于零，则在定理 2.3 中，只需要假设其在 $[a,b]$ 上处处可导，恒有 $g'(x)>0$（或恒有 $g'(x)<0$），此时 $\alpha = \min\{g(a),g(b)\}$，$\beta = \max\{g(a),g(b)\}$. 区间 $[a,b]$ 也可改成开区间、半开半闭区间.

习题 2.4

1. 设随机变量 X 的分布律为

X	-2	-1	0	1	3
P_k	1/5	1/6	1/5	1/15	11/30

求 $Y=X^2$ 的分布律.

2. 设随机变量 $X \sim B\left(3,\dfrac{1}{4}\right)$，求 $Y=|X-1|$ 的分布律.

3. 设随机变量 X 的分布律为 $P\{X=k\}=\dfrac{1}{2^k}$，$k=0,1,2,\cdots$，求 $Y=\sin\left(\dfrac{\pi}{2}X\right)$ 的分布律.

4. 设连续型随机变量 X 的概率密度为

$$f_X(x) = \begin{cases} \dfrac{x}{8}, & 0<x<4, \\ 0, & \text{其他}. \end{cases}$$

求 $Y=2X+8$ 的概率密度.

5. 设 $X \sim N(0,1)$，求 $Y=2X^2+1$ 的概率密度.

6. 设随机变量 $X \sim N(\mu,\sigma^2)$，求 $Y=3X+2$ 的概率密度.

7. 测量球的直径，设直径服从 $[a,b]$ 上的均匀分布，求球体积的概率密度.

 **阅读材料**

3σ 准则

正态分布概念是由德国的数学家和天文学家棣莫弗于 1733 年首次提出的，但由于德国数学家高斯率先将其应用于天文学研究，故正态分布又称高斯分布. 高斯对于正态分布的历史地位的确立起到了决定性的作用.

正态分布是自然界及工程领域中最常见的分布之一，大量的随机现象都是服从或近似服从正态分布的. 可以证明, 如果一个随机指标受到诸多因素的影响, 但其中任何一个因素都不起决定性作用, 则该随机指标一定服从或近似服从正态分布.

3σ 准则又被称为拉依达准则, 它假设一组检测数据只含有随机误差, 对其进行计算处理得到标准差, 按一定概率确定一个区间, 认为凡超过这个区间的误差, 就不属于随机误差而是粗大误差, 含有该误差的数据应予以剔除.

在统计上, 3σ 准则是在正态分布中, 距平均值小于 1 个标准差、2 个标准差、3 个标准差以内的百分比, 更精确的数字是 68.26%、95.44%及 99.74%. 即:

(1) 数值分布在 $(\mu-\sigma, \mu+\sigma)$ 中的概率为 0.6826;

(2) 数值分布在 $(\mu-2\sigma, \mu+2\sigma)$ 中的概率为 0.9544;

(3) 数值分布在 $(\mu-3\sigma, \mu+3\sigma)$ 中的概率为 0.9974.

可以认为, 一个正态分布的数据集的取值几乎全部集中在 $(\mu-3\sigma, \mu+3\sigma)$ 区间内, 超出这个范围的概率不到 0.3%. 图 2.7 是 3σ 准则的示意图.

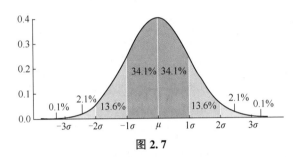

图 2.7

在实验科学中有对应正态分布的 3σ 准则, 这是一个简单的推论, 内容是 "几乎所有" 的值都在平均值正负 3 个标准差的范围内, 也就是在实验上可以将 99.7%的概率视为 "几乎一定". 不过上述推论是否有效, 会视探讨领域中对 "显著" 的定义而定, 在不同领域, "显著" 的定义不同. 例如在社会科学中, 若置信区间是在正负 2 个标准差(95%)的范围, 即可视为显著. 但是在粒子物理中, 若发现新的粒子, 置信区间要到正负 5 个标准差(99.99994%)的范围.

第 2 章总习题

一、填空题

1. 设随机变量 X 的分布律为 $P\{X=k\}=\dfrac{k}{15}(k=1,2,3,4,5)$, 则 $P\left\{\dfrac{1}{2}<X<\dfrac{5}{2}\right\}=$ _____,

$P\{1\leqslant X\leqslant 2\}=$ _____.

2. 设随机变量的分布函数为 $F(x)=\begin{cases}0, & x<0, \\ A\sin x, & 0\leqslant x\leqslant \dfrac{\pi}{2}, \\ 1, & x>\dfrac{\pi}{2},\end{cases}$ 则 $A=$ _____, $P\left\{|X|<\dfrac{\pi}{6}\right\}=$

_____.

3. 若随机变量 t 在 $(1,6)$ 上服从均匀分布, 则方程 $x^2+tx+1=0$ 有实根的概率是 _____.

4. 若随机变量 $X \sim N(2, \sigma^2)$，且 $P\{2 < X < 4\} = 0.3$，则 $P\{X < 0\} = $ _____.

5.（2013）设随机变量 Y 服从参数为 1 的指数分布，a 为常数且大于零，则 $P\{Y \leqslant a+1 \mid Y > a\} = $ _____.

二、选择题

6.（2010）设随机变量 X 的分布函数 $F(x) = \begin{cases} 0, & x < 0, \\ \dfrac{1}{2}, & 0 \leqslant x < 1, \\ 1 - e^{-x}, & x \geqslant 1. \end{cases}$ 则 $P\{X = 1\} = ($ 　　$)$.

A. 0　　　　　　　B. $\dfrac{1}{2} - e^{-1}$　　　　　　C. $\dfrac{1}{2}$　　　　　　D. $1 - e^{-1}$

7.（2010）设 $f_1(x)$ 为标准正态分布的概率密度，$f_2(x)$ 为 $[-1, 3]$ 上均匀分布的概率密度，若 $f(x) = \begin{cases} af_1(x), & x \leqslant 0, \\ bf_2(x), & x > 0. \end{cases}$ $(a > 0, b > 0)$ 为概率密度，则 a, b 应满足（　　）.

A. $3a + 2b = 4$　　　B. $2a + 3b = 4$　　　C. $a + b = 1$　　　D. $a + b = 2$

8.（2013）设 X_1, X_2, X_3 是随机变量，且 $X_1 \sim N(0, 1)$，$X_2 \sim N(0, 2^2)$，$X_3 \sim N(5, 3^2)$，$P_j = P\{-2 \leqslant X_j \leqslant 2\}$ $(j = 1, 2, 3)$，则（　　）.

A. $P_1 > P_2 > P_3$　　　B. $P_2 > P_1 > P_3$　　　C. $P_3 > P_1 > P_2$　　　D. $P_1 > P_3 > P_2$

9.（2016）设随机变量 X 服从 $X \sim N(\mu, \sigma^2)$ $(\sigma > 0)$，记 $p = P\{X \leqslant \mu + \sigma^2\}$，则（　　）.

A. p 随着 μ 的增加而增加　　　　　B. p 随着 σ 的增加而增加

C. p 随着 μ 的增加而减少　　　　　D. p 随着 σ 的增加而减少

10.（2018）设随机变量 X 的概率密度 $f(x)$，满足 $f(1+x) = f(1-x)$，且 $\int_0^2 f(x)\,\mathrm{d}x = 0.6$，则 $P\{X < 0\} = ($ 　　$)$.

A. 0.2　　　　　　B. 0.3　　　　　　C. 0.4　　　　　　D. 0.5

11.（2019）设随机变量 X 与 Y 相互独立，且都服从正态分布 $X \sim N(\mu, \sigma^2)$，则 $P\{|X - Y| < 1\}($ 　　$)$.

A. 与 μ 无关，而与 σ^2 有关　　　　B. 与 μ 有关，而与 σ^2 无关

C. 与 μ, σ^2 都有关　　　　　　D. 与 μ, σ^2 都无关

12.（2004）设随机变量 X 服从正态分布 $N(0, 1)$，给定的 $\alpha(0 < \alpha < 1)$ 数 u_α 满足 $P\{X > u_\alpha\} = \alpha$，若 $P\{|X| < x\} = \alpha$，则 x 等于（　　）.

A. $u_{\alpha/2}$　　　B. $u_{1-\alpha/2}$　　　C. $u_{-\alpha/2}$　　　D. $u_{1-\alpha}$

13. 下列函数中哪个是随机变量的分布函数（　　）.

A. $F(x) = \begin{cases} 0, & x \leqslant 0. \\ \dfrac{1}{2}(1 - e^{-x}), & x > 0. \end{cases}$

B. $F(x) = \dfrac{1}{\pi}\arctan x + \dfrac{1}{2}$，$x \in \mathbf{R}$.

C. $F(x) = \displaystyle\int_{-\infty}^x f(t)\,\mathrm{d}t$，其中 $f(x) \geqslant 0$，$x \in \mathbf{R}$.

D. $F(x) = \dfrac{1}{1+x^2}$，$x \in \mathbf{R}$.

14. 设随机变量的概率密度为 $f(x)$，则下列函数中是概率密度的是(　　).

A. $f(2x)$ 　　　　 B. $f^2(x)$ 　　　　 C. $2xf(x^2)$ 　　　　 D. $3x^2f(x^3)$

15. 设随机变量 X 满足 $X\sim N(1,7^2)$，记标准正态分布函数为 $\Phi(x)$，则的值为(　　).

A. $\Phi(2)-\Phi(1)$ 　　 B. $\Phi(\sqrt{2})-\Phi(1)$ 　　 C. $\Phi(1)-0.5$ 　　 D. $2\Phi(2)$

三、计算题

16. 设随机变量 X 的分布函数为
$$F(x)=A+B\arctan x,\ x\in(-\infty,+\infty),$$
求：(1)常数 A 与 B；(2)X 的概率密度函数；(3)$P\{-1<X<1\}$.

17. 设一强地震发生后的 48 h 内还会发生 3 以上余震的次数 X 服从参数为 8 的泊松分布，求：

(1)在接下来到 48 h 内还会发生 6 次余震的概率；

(2)余震次数不超过 5 次的概率.

18. 已知某种洗衣机的寿命 X(单位：年)服从参数为 $\lambda=0.1$ 的指数分布，若购买了 5 台洗衣机，求：

(1)任意 1 台洗衣机的寿命超过 10 年的概率；

(2)有 4 台洗衣机的寿命超过 10 年的概率.

19. 某单位招聘员工，有 10000 人报考. 假设考试成绩近似服从正态分布，满分 100 分，已知 90 分以上有 359 人，60 分以下有 1151 人. 现按考试成绩从高到低依次录用 2500 人，请问：被录用的最低分是多少？

20. 设 $X\sim N(0,1)$，求：(1)$Y=e^X$ 的概率密度；(2)$Y=|X|$ 的概率密度.

3

第 3 章
多维随机变量及其分布

在很多实际问题中，之前学的随机变量是一维的，不能满足研究需求，很多随机现象往往涉及多个随机变量，要将这些随机变量作为一个整体才能用于描述随机现象，例如，打靶时，弹着点要用两个随机变量 X 和 Y 来确定；又如，飞机在高空中的重心位置，要用 3 个随机变量 X、Y 和 Z 来确定. 需要指出，一般这些随机变量之间有某种联系，因而应该把它们作为一个整体来研究. 本章引入 2 个或 2 个以上随机变量来描述随机试验的结果，我们把与随机试验结果相对应的多个随机变量称为多维随机变量. 在多维随机变量中，以二维随机变量为代表. 本章主要研究二维随机变量分布的 3 个函数——联合分布函数、联合分布律和联合概率密度，介绍联合分布与边缘分布之间的关系，以及随机变量之间的一个重要关系——相互独立，最后讲解如何求两个随机变量函数的分布.

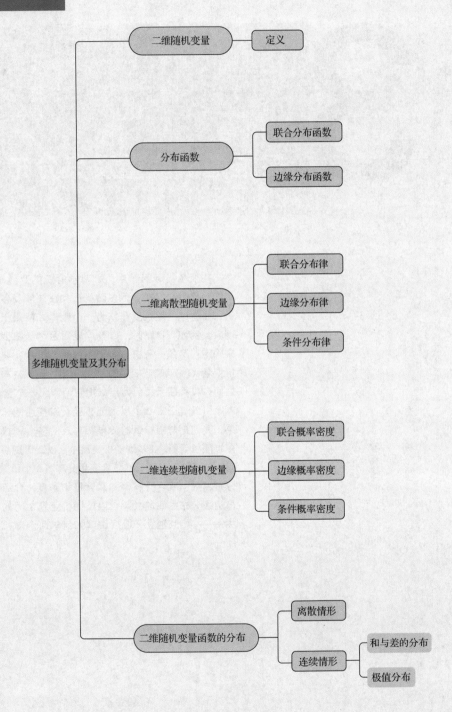

第 3 章
思维导图

二维随机变量 —— 定义

分布函数 —— 联合分布函数
           —— 边缘分布函数

二维离散型随机变量 —— 联合分布律
                   —— 边缘分布律
                   —— 条件分布律

多维随机变量及其分布

二维连续型随机变量 —— 联合概率密度
                   —— 边缘概率密度
                   —— 条件概率密度

二维随机变量函数的分布 —— 离散情形
                       —— 连续情形 —— 和与差的分布
                                   —— 极值分布

3.1 二维随机变量及其联合分布

3.1.1 二维随机变量及其联合分布函数

定义 3.1　设随机试验 E 的样本空间 $\Omega = \{\omega\}$，如果对于任意的 $\omega \in \Omega$，都有 $X = X(\omega)$ 和 $Y = Y(\omega)$，则称 (X, Y) 是定义在 Ω 上的**二维随机变量**（two dimensional random variable），或**二维随机向量**.

(X, Y) 作为某一随机试验的结果，要把握这一随机现象关键在于把握 (X, Y) 的取值及其概率，称描述 (X, Y) 的取值及其概率的函数为二维随机变量的联合分布，首先引入联合分布函数的概念.

定义 3.2　设 (X, Y) 是二维随机变量，对任意实数 x, y，称二元函数
$$F(x, y) = P\{X \leqslant x, Y \leqslant y\}$$
为 (X, Y) 的**联合分布函数**（joint distribution function），简称**联合分布**.

联合分布的定义

注　事件 $\{X \leqslant x, Y \leqslant y\}$ 表示事件 $\{X \leqslant x\}$ 与事件 $\{Y \leqslant y\}$ 的积事件. 如果把 (X, Y) 看作平面上随机点的坐标，那么联合分布函数 $F(x, y)$ 在 (x, y) 的函数值，就是随机点 (X, Y) 落在平面上以点 (x, y) 为顶点而位于该点左下方无限矩形区域内的概率，如图 3.1 所示.

因此，随机变量 (X, Y) 落在矩形区域 $D = \{(x, y) \mid x_1 < x \leqslant x_2, y_1 < y \leqslant y_2\}$ 的概率（如图 3.2 所示）可以通过联合分布函数 $F(x, y)$ 表示：
$$P\{(X, Y) \in D\} = F(x_2, y_2) - F(x_1, y_2) - F(x_2, y_1) + F(x_1, y_1).$$

注　但是，如果落入的区域是其他不规则区域，就不能用分布函数 $F(x, y)$ 来表示其概率，应该如何表示呢？需要具体情况进行分析.

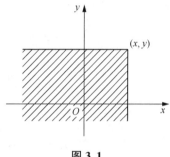

图 3.1

联合分布函数 $F(x, y)$ 具有以下性质.

（1）**（单调性）**　$F(x, y)$ 关于变量 x 和 y 分别为单调不减函数，即对于任意固定的 y，当 $x_1 < x_2$ 时，有
$$F(x_1, y) \leqslant F(x_2, y),$$
对于任意固定的 x，当 $y_1 < y_2$ 时，有
$$F(x, y_1) \leqslant F(x, y_2).$$

（2）**（有界性）**　对任意实数 x, y，有
$$0 \leqslant F(x, y) \leqslant 1,$$
并且对于固定的 y，有
$$F(-\infty, y) = \lim_{x \to -\infty} F(x, y) = 0,$$
对于固定的 x，有
$$F(x, -\infty) = \lim_{y \to -\infty} F(x, y) = 0,$$
及

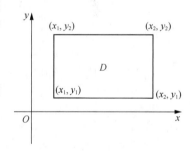

图 3.2

$$F(-\infty,-\infty)=\lim_{\substack{x\to-\infty\\y\to-\infty}}F(x,y)=0,$$

$$F(+\infty,+\infty)=\lim_{\substack{x\to+\infty\\y\to+\infty}}F(x,y)=1.$$

（3）（右连续性）

$$F(x+0,y)=\lim_{\Delta x\to0^+}F(x+\Delta x,y)=F(x,y),$$

$$F(x,y+0)=\lim_{\Delta y\to0^+}F(x,y+\Delta y)=F(x,y).$$

注 上述 3 条性质也是判断一个二元函数是否可以作为某二维随机变量的分布函数的必要条件.

■**例 3.1** 已知二维随机变量 (X,Y) 的联合分布函数为

$$F(x,y)=A\left(B+\arctan\frac{x}{2}\right)\left(C+\arctan\frac{y}{3}\right),$$

（1）求常数 A,B,C；（2）求 $P(0<X<2,0<Y<3)$.

解 （1）由分布函数的有界性，有

$$F(+\infty,+\infty)=\lim_{\substack{x\to+\infty\\y\to+\infty}}A\left(B+\arctan\frac{x}{2}\right)\left(C+\arctan\frac{y}{3}\right)=A\left(B+\frac{\pi}{2}\right)\left(C+\frac{\pi}{2}\right)=1,$$

可知 $A\ne0$，又对任意的 x，有

$$F(x,-\infty)=\lim_{y\to-\infty}A\left(B+\arctan\frac{x}{2}\right)\left(C+\arctan\frac{y}{3}\right)=A\left(B+\arctan\frac{x}{2}\right)\left(C-\frac{\pi}{2}\right)=0,$$

则 $C=\frac{\pi}{2}$.

同理，对任意的 y，有

$$F(-\infty,y)=\lim_{x\to-\infty}A\left(B+\arctan\frac{x}{2}\right)\left(C+\arctan\frac{y}{3}\right)=A\left(B-\frac{\pi}{2}\right)\left(C+\arctan\frac{y}{3}\right)=0,$$

则 $B=\frac{\pi}{2}$.

把 B，C 代回，即可解出 $A=\frac{1}{\pi^2}$. 所以

$$F(x,y)=\frac{1}{\pi^2}\left(\frac{\pi}{2}+\arctan\frac{x}{2}\right)\left(\frac{\pi}{2}+\arctan\frac{y}{3}\right).$$

（2）$P(0<X<2,0<Y<3)=[F(2,3)-F(0,3)]-[F(2,0)-F(0,0)]$

$$=\left(\frac{1}{\pi^2}\times\frac{3\pi}{4}\times\frac{3\pi}{4}-\frac{1}{\pi^2}\times\frac{\pi}{2}\times\frac{3\pi}{4}\right)-\left(\frac{1}{\pi^2}\times\frac{3\pi}{4}\times\frac{\pi}{2}-\frac{1}{\pi^2}\times\frac{\pi}{2}\times\frac{\pi}{2}\right)=\frac{1}{16}.$$

3.1.2 二维离散型随机变量及其联合分布律

二维随机变量 (X,Y) 的所有可能取值是有限对或可列无穷对时，称 (X,Y) 为**二维离散型随机变量**（two dimensional discrete random variable）.

例如，掷两颗骰子，设 X,Y 分别为两颗骰子朝上面的点数，样本空间为

$$\Omega=\{(1,1),(1,2),\cdots,(6,1),\cdots,(6,6)\},$$

则 (X,Y) 为二维离散型随机变量.

定义 3.3 设二维离散型随机变量 (X,Y) 的所有可能取值为 (x_i,y_j) $(i,j=1,2,\cdots)$，且取相应值的概率为 p_{ij}，即

$$P\{X=x_i,Y=y_j\}=p_{ij},$$

则称 $P\{X=x_i,Y=y_j\}=p_{ij}$ 为二维离散型随机变量 (X,Y) 的**联合概率分布律**（joint distribution law）.

常用如下形式：

X＼Y	y_1	y_2	$\cdots$	y_j	$\cdots$
x_1	p_{11}	p_{12}	$\cdots$	p_{1j}	$\cdots$
x_2	p_{21}	p_{22}	$\cdots$	p_{2j}	$\cdots$
$\vdots$	$\vdots$	$\vdots$		$\vdots$	
x_i	p_{i1}	p_{i2}	$\cdots$	p_{ij}	$\cdots$
$\vdots$	$\vdots$	$\vdots$		$\vdots$	

分布律 $p_{ij}(i,j=1,2,\cdots)$ 具有以下两个性质：

(1)（**非负性**） $0 \leqslant p_{ij} \leqslant 1$；

(2)（**规范性**） $\sum\limits_{i}\sum\limits_{j}p_{ij}=1$.

注 以上两条性质是判断一个数列 $p_{ij}(i,j=1,2,\cdots)$ 可否作为二维离散型随机变量 (X,Y) 的联合分布律的充要条件.

■**例 3.2** 袋中有 2 个红球，3 个白球，记随机变量 X 和 Y 分别为

$$X=\begin{cases}1, & \text{第一次抽到红球,}\\0, & \text{第一次抽到白球,}\end{cases} Y=\begin{cases}1, & \text{第二次抽到红球,}\\0, & \text{第二次抽到白球,}\end{cases}$$

试在下列两种抽球方式下分别求 (X,Y) 的联合分布律.

(1)不放回地抽球二次；   (2)有放回地抽球二次.

解 (1)若是不放回地抽取，则

$$P\{X=0,Y=0\}=\frac{C_3^1 C_2^1}{C_5^1 C_4^1}=\frac{6}{20}=0.3,\quad P\{X=0,Y=1\}=\frac{C_3^1 C_2^1}{C_5^1 C_4^1}=\frac{6}{20}=0.3,$$

$$P\{X=1,Y=0\}=\frac{C_2^1 C_3^1}{C_5^1 C_4^1}=\frac{6}{20}=0.3,\quad P\{X=1,Y=1\}=\frac{C_2^1 C_1^1}{C_5^1 C_4^1}=\frac{2}{20}=0.1.$$

所以 (X,Y) 的联合分布律为

Y＼X	0	1
0	0.3	0.3
1	0.3	0.1

(2)若是有放回地抽取，则

$$P\{X=0,Y=0\}=\frac{C_3^1C_3^1}{C_5^1C_3^1}=\frac{9}{25}, \quad P\{X=0,Y=1\}=\frac{C_3^1C_2^1}{C_5^1C_5^1}=\frac{6}{25},$$

$$P\{X=1,Y=0\}=\frac{C_2^1C_3^1}{C_5^1C_5^1}=\frac{6}{25}, \quad P\{X=1,Y=1\}=\frac{C_2^1C_2^1}{C_5^1C_5^1}=\frac{4}{25}.$$

所以(X,Y)的联合分布律为

Y \ X	0	1
0	9/25	6/25
1	6/25	4/25

显然，不同的抽取方式，其联合分布律也不相同.

■例3.3 一枚质地均匀的硬币连抛3次，设X为3次抛掷中正面出现的次数，Y为反面出现的次数. 求：$(1)(X,Y)$的联合分布律；$(2)F(1,2)$.

解 （1）X和Y的所有可能取值都是0，1，2，3，从事件发生的角度容易看出，当$X=0$时，必然有$Y=3$，所以事件$\{X=0,Y=3\}$与$\{X=0\}$等价，同理，当$X=1$时，必然有$Y=2$，所以事件$\{X=1,Y=2\}$与$\{X=1\}$等价. 而$X\sim B(3,0.5)$，故有

$$P\{X=0,Y=3\}=P\{X=0\}=C_3^0\times0.5^0\times0.5^3=\frac{1}{8},$$

$$P\{X=1,Y=2\}=P\{X=1\}=C_3^1\times0.5\times0.5^2=\frac{3}{8},$$

$$P\{X=2,Y=1\}=P\{X=2\}=C_3^2\times(0.5)^2\times0.5=\frac{3}{8},$$

$$P\{X=3,Y=0\}=P\{X=3\}=C_3^3\times0.5^3\times0.5^0=\frac{1}{8}.$$

其余事件如$\{X=0,Y=0\}$，$\{X=0,Y=1\}$等都是不可能事件，所以(X,Y)的联合分布律为

Y \ X	0	1	2	3
0	0	0	0	1/8
1	0	0	3/8	0
2	0	3/8	0	0
3	1/8	0	0	0

（2）由联合分布函数的定义知，$F(1,2)=P\{X\leqslant1,Y\geqslant2\}$，而事件$\{X\leqslant1\}$等价于$\{X=0,1\}$，事件$\{Y\geqslant2\}$等价于$\{Y=2,3\}$，因此事件$\{X\leqslant1,Y\geqslant2\}$等价于$(X,Y)$取$(0,2)$，$(0,3)$，$(1,2)$，$(1,3)$值，所以

$$F(1,2)=P\{X\leqslant1,Y\geqslant2\}=P\{X=0,Y=2\}+P\{X=0,Y=3\}+P\{X=1,Y=2\}+P\{X=1,Y=3\}$$

$$=0+\frac{1}{8}+\frac{3}{8}+0=\frac{1}{2}.$$

从本例可以总结出，由二维离散型随机变量(X,Y)的联合分布律求联合分布函数可以概括为

$$F(x,y)=P\{X\leqslant x,\ Y\leqslant y\}=\sum_{x_i\leqslant x}\sum_{y_j\leqslant y}p_{ij},$$

其中和式是对一切满足$x_i\leqslant x,\ y_j\leqslant y$的$i,j$求和.

3.1.3　二维连续型随机变量及其联合概率密度

定义 3.4　设$F(x,y)$为二维随机变量(X,Y)的联合分布函数，如果存在非负函数$f(x,y)$，使得对任意实数x,y，有

$$F(x,y)=P\{X\leqslant x,Y\leqslant y\}=\int_{-\infty}^{y}\int_{-\infty}^{x}f(u,\ v)\mathrm{d}u\mathrm{d}v,$$

则称(X,Y)为**二维连续型随机变量**，函数$f(x,y)$称为(X,Y)的**联合概率密度函数**(joint probability density function)，简称**联合概率密度**. 记作$(X,Y)\sim f(x,y)$.

由定义，联合概率密度$f(x,y)$具有以下 4 条性质：

（1）（**非负性**）　$f(x,y)\geqslant0$；

（2）（**规范性**）　$\int_{-\infty}^{+\infty}\int_{-\infty}^{+\infty}f(x,y)\mathrm{d}x\mathrm{d}y=1$；

（3）若$f(x,y)$在点(x,y)连续，则有

$$\frac{\partial^2 F(x,y)}{\partial x\partial y}=f(x,y)\,;$$

联合概率密度
函数的性质

（4）设G是xOy平面上的区域，则点(X,Y)落在G内的概率为

$$P\{(X,Y)\in G\}=\iint\limits_{G}f(x,y)\mathrm{d}x\mathrm{d}y.$$

注　性质（1）和性质（2）也是判断一个二元函数$f(x,y)$可否作为二维随机变量(X,Y)的联合概率密度的充要条件.

在几何上，$z=f(x,y)$表示三维空间中的曲面，$P\{(X,Y)\in G\}$的值等于以G为底、以曲面$z=f(x,y)$为顶的曲顶柱体的体积.

$f(x,y)$刻画了(X,Y)取值在点(x,y)附近的概率的大小. 当$f(x,y)$较大时，(X,Y)取值在点(x,y)附近的概率较大；当$f(x,y)$较小时，(X,Y)取值在点(x,y)附近的概率较小，(X,Y)取值在一条曲线上的概率为 0.

■例 3.4　设(X,Y)的联合概率密度为

$$f(x,y)=\begin{cases}k(x+y), & 0<x<2,\ 0<y<1,\\ 0, & \text{其他},\end{cases}$$

（1）求常数k；（2）求$P\{Y\leqslant X\}$.

解　（1）由联合概率密度的规范性，$f(x,y)$在图 3.3（a）所示的长方形区域D内有非零的表达式，所以

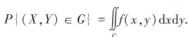

$$1=\int_{-\infty}^{+\infty}\int_{-\infty}^{+\infty}f(x,y)\mathrm{d}x\mathrm{d}y=\iint\limits_{D}k(x+y)\mathrm{d}x\mathrm{d}y=k\int_{0}^{2}\mathrm{d}x\int_{0}^{1}(x+y)\mathrm{d}y=k\int_{0}^{2}\left(x+\frac{1}{2}\right)\mathrm{d}x=3k,$$

解得$k=\dfrac{1}{3}$.

（2）事件$\{Y\leqslant X\}$为(X,Y)取值在图 3.3（b）中的区域 G，故有

$$P\{Y\leqslant X\}=\iint\limits_{y\leqslant x}f(x,y)\mathrm{d}x\mathrm{d}y=\iint\limits_{G}\frac{1}{3}(x+y)\mathrm{d}x\mathrm{d}y=\frac{1}{3}\int_{0}^{1}\mathrm{d}y\int_{y}^{2}(x+y)\mathrm{d}x$$

$$=\frac{1}{3}\int_{0}^{1}\left[\frac{1}{2}(4-y^{2})+y(2-y)\right]\mathrm{d}y$$

$$=\frac{1}{3}\int_{0}^{1}\left(2+2y-\frac{3}{2}y^{2}\right)\mathrm{d}y=\frac{5}{6}.$$

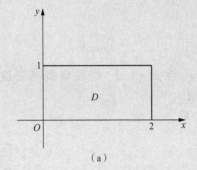 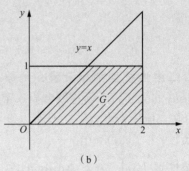

（a）   （b）

图 3.3

■**例 3.5** 设二维随机变量(X,Y)的联合概率密度为

$$f(x,y)=\begin{cases}2\mathrm{e}^{-(2x+y)}, & x>0,\ y>0,\\0, & \text{其他},\end{cases}$$

（1）求联合分布函数 $F(x,y)$；（2）求 $P\{X+Y\leqslant1\}$.

解   （1）由定义

$$F(x,y)=\int_{-\infty}^{x}\int_{-\infty}^{y}f(u,v)\mathrm{d}u\mathrm{d}v=\begin{cases}\int_{0}^{x}\int_{0}^{y}2\mathrm{e}^{-(2u+v)}\mathrm{d}u\mathrm{d}v, & x>0,y>0,\\0, & \text{其他}\end{cases}$$

$$=\begin{cases}\int_{0}^{x}2\mathrm{e}^{-2u}\mathrm{d}u\int_{0}^{y}\mathrm{e}^{-v}\mathrm{d}v, & x>0,y>0,\\0, & \text{其他}\end{cases}$$

$$=\begin{cases}(1-\mathrm{e}^{-2x})(1-\mathrm{e}^{-y}), & x>0,y>0,\\0, & \text{其他}.\end{cases}$$

（2）如图 3.4 所示.

$$P\{X+Y\leqslant1\}=\iint\limits_{x+y\leqslant1}f(x,y)\mathrm{d}x\mathrm{d}y=\iint\limits_{D}2\mathrm{e}^{-(2x+y)}\mathrm{d}x\mathrm{d}y$$

$$=\int_{0}^{1}2\mathrm{e}^{-2x}\mathrm{d}x\int_{0}^{1-x}\mathrm{e}^{-y}\mathrm{d}y$$

$$=\int_{0}^{1}2\mathrm{e}^{-2x}(1-\mathrm{e}^{x-1})\mathrm{d}x$$

$$=-\mathrm{e}^{-2x}\Big|_{0}^{1}+2\mathrm{e}^{-x-1}\Big|_{0}^{1}$$

$$=1+\mathrm{e}^{-2}-2\mathrm{e}^{-1}=(1-\mathrm{e}^{-1})^{2}.$$

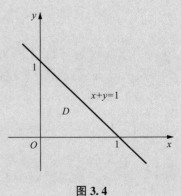

图 3.4

下面介绍两种常用的二维连续型随机变量的分布.

1. 均匀分布

设 D 为平面上的有界区域, 其面积为 S_D, 若二维随机变量(X,Y)的联合概率密度为

$$f(x,y) = \begin{cases} \dfrac{1}{S_D}, & (x,y) \in D, \\ 0, & \text{其他}, \end{cases}$$

则称(X,Y)服从区域 D 上的均匀分布.

■**例 3.6** 设(X,Y)服从区域 $D = \{(x,y) \mid x^2+y^2 \leqslant 1\}$ 上的均匀分布, 求 $P\{2Y<X\}$.

解 由题意可知, (X,Y)的联合概率密度为

$$f(x,y) = \begin{cases} \dfrac{1}{\pi}, & x^2+y^2 \leqslant 1, \\ 0, & \text{其他}. \end{cases}$$

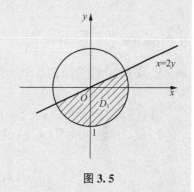

如图 3.5 所示, 所求概率为

$$P\{2Y<X\} = \iint\limits_{2y<x} f(x,y)\mathrm{d}x\mathrm{d}y = \iint\limits_{D_1} \frac{1}{\pi}\mathrm{d}x\mathrm{d}y$$

$$= \frac{1}{\pi}S_{D_1} = \frac{1}{\pi} \times \frac{\pi}{2} = \frac{1}{2}.$$

图 3.5

2. 正态分布

若二维随机变量(X,Y)的联合概率密度为

$$f(x,y) = \frac{1}{2\pi\sigma_1\sigma_2\sqrt{1-\rho^2}}\mathrm{e}^{-\frac{1}{2(1-\rho^2)}\left[\frac{(x-\mu_1)^2}{\sigma_1^2}-2\rho\frac{(x-\mu_1)(x-\mu_2)}{\sigma_1\sigma_2}+\frac{(x-\mu_2)^2}{\sigma_2^2}\right]}$$

$$-\infty<x<+\infty, -\infty<y<+\infty,$$

其中 $\mu_1,\mu_2,\sigma_1,\sigma_2,\rho$ 均为常数, 且 $\sigma_1>0, \sigma_2>0, -1<\rho<1$, 则称 (X,Y)服从参数为 $\mu_1,\mu_2,\sigma_1,\sigma_2,\rho$ 的二维正态分布, 记作

$$(X,Y) \sim N(\mu_1,\mu_2,\sigma_1^2,\sigma_2^2,\ \rho).$$

二维正态分布的联合概率密度如图 3.6 所示.

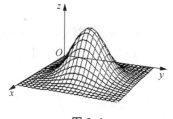

图 3.6

■**例 3.7** 设$(X,Y) \sim N(0,0,\sigma^2,\sigma^2,0)$, 求 $P\{X<Y\}$.

解 由题意, (X,Y)的概率密度为

$$f(x,y) = \frac{1}{2\pi\sigma^2}\mathrm{e}^{-\frac{x^2+y^2}{2\sigma^2}}, (x,y) \in \mathbf{R}^2,$$

所以

$$P\{X<Y\} = \iint\limits_{x<y} \frac{1}{2\pi\sigma^2}\mathrm{e}^{-\frac{x^2+y^2}{2\sigma^2}}\mathrm{d}x\mathrm{d}y \xlongequal[y=r\sin\theta]{\diamondsuit x=r\cos\theta} \frac{1}{2\pi\sigma^2}\int_{\frac{\pi}{4}}^{\frac{5\pi}{4}}\mathrm{d}\theta\int_0^{+\infty}\mathrm{e}^{-\frac{r^2}{2\sigma^2}}r\mathrm{d}r$$

$$= \frac{1}{2\pi} \times \pi \times \int_0^{+\infty} -\mathrm{e}^{-\frac{r^2}{2\sigma^2}}\mathrm{d}\left(-\frac{r^2}{2\sigma^2}\right)$$

$$= -\frac{1}{2}\left[\mathrm{e}^{-\frac{r^2}{2\sigma^2}}\right]_0^{+\infty} = \frac{1}{2}.$$

习题 3.1

1. 设二维随机变量 (X,Y) 的联合分布函数为 $F(x,y)$，用其表示下列事件的概率.

(1) $P\{X\leqslant 1, Y\leqslant 2\}$；　　　　　　　(2) $P\{-1<X\leqslant 1, 2<Y\leqslant 3\}$；

(3) $P\{X\leqslant 1, 2<Y\leqslant 3\}$；　　　　　　(4) $P\{X\leqslant 1\}$.

2. 设二维随机变量 (X,Y) 的联合分布函数为

$$F(x,y)=\begin{cases} \sin x\sin y, & 0\leqslant x\leqslant \dfrac{\pi}{2},\ 0\leqslant y\leqslant \dfrac{\pi}{2}, \\ 0, & \text{其他}, \end{cases}$$

求 $P\left\{0\leqslant X\leqslant \dfrac{\pi}{4},\ \dfrac{\pi}{6}\leqslant Y\leqslant \dfrac{\pi}{3}\right\}$.

3. 现有 10 件产品，其中一等品 5 件，二等品 3 件，三等品 2 件，随机抽取 2 件，设 X 为抽到一等品的件数，Y 为抽到二等品的件数，试求：

(1) (X,Y) 的分布律；(2) $F(1,1.5)$；(3) $P(X+Y=2)$.

4. 设二维随机变量 (X,Y) 的联合概率密度为

$$f(x,y)=\begin{cases} x^2+\dfrac{xy}{a}, & 0\leqslant x\leqslant 1,\ 0\leqslant y\leqslant 2, \\ 0, & \text{其他}, \end{cases}$$

(1) 求常数 a；(2) 求 $P\{0.5\leqslant X\leqslant 1\}$；(3) 求 $P\{X<Y\}$.

5. 设二维随机变量 (X,Y) 的联合概率密度为

$$f(x,y)=\begin{cases} A\mathrm{e}^{-x-2y}, & x>0, y>0, \\ 0, & \text{其他}, \end{cases}$$

(1) 求常数 A；(2) 求 (X,Y) 的联合分布函数 $F(x,y)$；(3) 求 $P\{X+2Y<1\}$.

6. 设二维随机变量 (X,Y) 的联合概率密度为

$$f(x,y)=\begin{cases} \dfrac{1}{8}(6-x-y), & 0<x<2, 2<y<4, \\ 0, & \text{其他}, \end{cases}$$

(1) 求 $P\{X<1,\ Y<3\}$；(2) 求 $P\{X+Y\leqslant 4\}$.

7. 设二维随机变量 (X,Y) 服从 $D=\{(x,y)\mid 0\leqslant x\leqslant 1, 0\leqslant y\leqslant x\}$ 上的均匀分布.

(1) 求 (X,Y) 的联合概率密度 $f(x,y)$；(2) 求 $P\{X+Y\leqslant 1\}$；(3) 求 $P\{Y\leqslant X^2\}$.

3.2　边缘分布

联合分布描述的是二维随机变量 (X,Y) 的整体特性，除此之外，还需了解随机变量 X，Y 各自的分布，即边缘分布.

3.2.1　边缘分布函数

设二维随机变量 (X,Y) 的联合分布函数 $F(x,y)$ 已知，则两个分量 X 和 Y 的分布函数可由联合分布函数 $F(x,y)$ 求得，X 的边缘分布函数是事件 $\{X\leqslant x\}$ 的概率，即

$$F_X(x) = P\{X \leq x\} = P\{X \leq x, Y < +\infty\},$$

称 $F_X(x)$ 为二维随机变量 (X,Y) 关于 X 的**边缘分布函数**（edge distribution function），同理，二维随机变量 (X,Y) 关于 Y 的**边缘分布函数**定义为

$$F_Y(y) = P\{Y \leq y\} = P\{X < +\infty, Y \leq y\},$$

显然，$F_X(x) = F(x,+\infty) = \lim_{y \to +\infty} F(x,y)$，$F_Y(y) = F(+\infty, y) = \lim_{x \to +\infty} F(x,y)$.

3.2.2 二维离散型随机变量的边缘分布律

设二维离散型随机变量 (X,Y) 的分布律为

$$P\{X = x_i, Y = y_j\} = p_{ij}, \ i,j = 1,2,\cdots$$

由边缘分布函数的定义知，

$$F_X(x) = F(x, +\infty) = \sum_{x_i \leq x} \sum_{y_i \leq +\infty} p_{ij} = \sum_{x_i \leq x} \sum_{j} p_{ij},$$

即对一切满足 $x_i \leq x$ 的 i 和所有的 j 求和，记为

$$p_{i\cdot} = P\{X = x_i\} = \sum_{j} p_{ij}, \ i = 1,2,\cdots$$

称 $p_{i\cdot}$ 为二维随机变量 (X,Y) 关于 X 的**边缘分布律**（edge distribution law）. 同理，称

$$p_{\cdot j} = P\{Y = y_j\} = \sum_{i} p_{ij}, \ j = 1,2,\cdots$$

为二维随机变量 (X,Y) 关于 Y 的**边缘分布律**.

联合分布律和边缘分布律可表示如下：

X \ Y	y_1	y_2	$\cdots$	y_j	$\cdots$	$p_{i\cdot}$
x_1	p_{11}	p_{12}	$\cdots$	p_{1j}	$\cdots$	$p_{1\cdot}$
x_2	p_{21}	p_{22}	$\cdots$	p_{2j}	$\cdots$	$p_{2\cdot}$
$\vdots$	$\vdots$	$\vdots$		$\vdots$		$\vdots$
x_i	p_{i1}	p_{i2}	$\cdots$	p_{ij}	$\cdots$	$p_{i\cdot}$
$\vdots$	$\vdots$	$\vdots$		$\vdots$		$\vdots$
$p_{\cdot j}$	$p_{\cdot 1}$	$p_{\cdot 2}$	$\cdots$	$p_{\cdot j}$		

将边缘分布律记在联合分布律表的边上，既容易计算又一目了然，这也是"边缘"这一修饰语的来源.

■**例 3.8** 设二维随机变量 (X,Y) 的联合分布律为

Y \ X	0	1	2	3
0	0	0.1	0	0.2
1	0	0	0.18	0
2	0	0.05	0	0.25
3	0.1	0	0.12	0

试求 (X,Y) 关于 X 和 Y 的边缘分布律.

解 将联合分布律表中各行的概率相加，即得 X 的边缘分布律

X	0	1	2	3
P	0.3	0.18	0.3	0.22

将联合分布律表中各列的概率相加，即得 Y 的边缘分布律

Y	0	1	2	3
P	0.1	0.15	0.3	0.45

由联合分布律可以确定边缘分布律，反过来又如何呢？来看一个例子.

例如，二维随机变量(X,Y)与(U,V)的联合分布律及各变量的边缘分布律如下

Y \ X	1	2	
1	1/8	3/8	1/2
2	3/8	1/8	1/2
	1/2	1/2	

U \ V	1	2	
1	1/4	1/4	1/2
2	1/4	1/4	1/2
	1/2	1/2	

不同的联合分布律得到了相同的边缘分布律. 可见边缘分布律一般不能确定联合分布律.

3.2.3　二维连续型随机变量的边缘概率密度

设二维随机变量(X,Y)的联合概率密度为$f(x,y)$，则(X,Y)关于X的边缘分布函数为

$$F_X(x) = F(x, +\infty) = \int_{-\infty}^{+\infty}\int_{-\infty}^{x} f(u,v)\,du\,dv = \int_{-\infty}^{x}\left[\int_{-\infty}^{+\infty} f(u,v)\,dv\right]du,$$

上式对 x 求导得，

$$F'_X(x) = \int_{-\infty}^{+\infty} f(x,y)\,dy,$$

边缘概率密度函数

称之为二维随机变量(X,Y)关于X的**边缘概率密度函数**（edge probability density function），记为$f_X(x)$，即

$$f_X(x) = \int_{-\infty}^{+\infty} f(x,y)\,dy, x \in \mathbf{R}.$$

同理，(X,Y)关于Y的**边缘概率密度函数**为

$$f_Y(y) = \int_{-\infty}^{+\infty} f(x,y)\,dx, y \in \mathbf{R}.$$

例 3.9 设 (X, Y) 的联合概率密度为

$$f(x, y) = \begin{cases} 6, & x^2 \leqslant y \leqslant x, \\ 0, & \text{其他}, \end{cases}$$

求 (X, Y) 关于 X 和关于 Y 的边缘概率密度函数.

解 (X, Y) 的联合概率密度仅在图 3.7 所示的阴影区域内不为 0, 其余处均为 0.

如图 3.7(a) 所示, (X, Y) 关于 X 的边缘概率密度函数为

$$f_X(x) = \int_{-\infty}^{+\infty} f(x, y) \mathrm{d}y = \begin{cases} \displaystyle\int_{x^2}^{x} 6 \mathrm{d}y = 6(x - x^2), & 0 \leqslant x \leqslant 1, \\ 0, & \text{其他}. \end{cases}$$

同理, 如图 3.7(b) 所示, Y 的边缘概率密度函数为

$$f_Y(y) = \int_{-\infty}^{+\infty} f(x, y) \mathrm{d}x = \begin{cases} \displaystyle\int_{y}^{\sqrt{y}} 6 \mathrm{d}x = 6(\sqrt{y} - y), & 0 \leqslant y \leqslant 1, \\ 0, & \text{其他}. \end{cases}$$

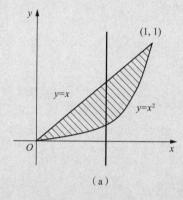
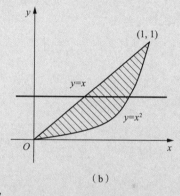

(a) (b)

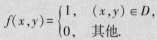

图 3.7

例 3.10 设 (X, Y) 服从区域 D 上的均匀分布, 其中区域 D 由直线 $y = 1$, $y = -x$ 和 $y = x$ 所围成, 求 (X, Y) 关于 X 和 Y 的边缘概率密度函数.

例 3.10

解 区域 D 面积为 $S_D = \dfrac{1}{2} \times 2 \times 1 = 1$, 所以 (X, Y) 的联合概率密度为

$$f(x, y) = \begin{cases} 1, & (x, y) \in D, \\ 0, & \text{其他}. \end{cases}$$

如图 3.8(a) 所示, (X, Y) 关于 X 的边缘概率密度为

$$f_X(x) = \int_{-\infty}^{+\infty} f(x, y) \mathrm{d}y = \begin{cases} \displaystyle\int_{-x}^{1} 1 \mathrm{d}y, & -1 \leqslant x < 0, \\ \displaystyle\int_{x}^{1} 1 \mathrm{d}y, & 0 \leqslant x < 1, \\ 0, & \text{其他} \end{cases} = \begin{cases} 1 + x, & -1 \leqslant x < 0, \\ 1 - x, & 0 \leqslant x < 1, \\ 0, & \text{其他}. \end{cases}$$

如图 3.8(b) 所示, (X, Y) 关于 Y 的边缘概率密度为

$$f_Y(y) = \int_{-\infty}^{+\infty} f(x, y) \mathrm{d}x = \begin{cases} \displaystyle\int_{-y}^{y} 1 \mathrm{d}x, & 0 \leqslant y \leqslant 1, \\ 0, & \text{其他} \end{cases} = \begin{cases} 2y, & 0 \leqslant y \leqslant 1, \\ 0, & \text{其他}. \end{cases}$$

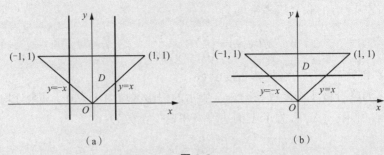

图 3.8

例 3.11 设二维随机变量 $(X,Y) \sim N(0,0,1,1,\rho)$，求 (X,Y) 关于 X 和 Y 的边缘概率密度函数.

解 (X,Y) 的联合概率密度为

$$f(x,y) = \frac{1}{2\pi\sqrt{1-\rho^2}} e^{-\frac{x^2-2\rho xy+y^2}{2(1-\rho^2)}},$$

例 3.11

则 X 的边缘概率密度为

$$f_X(x) = \int_{-\infty}^{+\infty} f(x,y)\mathrm{d}y = \int_{-\infty}^{+\infty} \frac{1}{2\pi\sqrt{1-\rho^2}} e^{-\frac{x^2-2\rho xy+y^2}{2(1-\rho^2)}} \mathrm{d}y$$

$$= \frac{1}{2\pi} \int_{-\infty}^{+\infty} \frac{1}{\sqrt{1-\rho^2}} e^{-\frac{x^2}{2(1-\rho^2)}} \cdot e^{-\frac{y^2-2\rho xy}{2(1-\rho^2)}} \mathrm{d}y$$

$$= \frac{1}{2\pi} \int_{-\infty}^{+\infty} \frac{1}{\sqrt{1-\rho^2}} e^{-\frac{x^2}{2(1-\rho^2)}} \cdot e^{-\frac{(y-\rho x)^2-\rho^2 x^2}{2(1-\rho^2)}} \mathrm{d}y$$

$$= \frac{1}{2\pi} \int_{-\infty}^{+\infty} \frac{1}{\sqrt{1-\rho^2}} e^{-\frac{x^2-\rho^2 x^2}{2(1-\rho^2)}} \cdot e^{-\frac{(y-\rho x)^2}{2(1-\rho^2)}} \mathrm{d}y$$

$$= \frac{1}{2\pi} e^{-\frac{x^2}{2}} \int_{-\infty}^{+\infty} e^{-\frac{1}{2}\left(\frac{y-\rho x}{\sqrt{1-\rho^2}}\right)^2} \mathrm{d}\left(\frac{y-\rho x}{\sqrt{1-\rho^2}}\right),$$

令 $t = \dfrac{y-\rho x}{\sqrt{1-\rho^2}}$，得关于 X 的边缘概率密度为

$$f_X(x) = \frac{1}{2\pi} e^{-\frac{x^2}{2}} \int_{-\infty}^{+\infty} e^{-\frac{t^2}{2}} \mathrm{d}t = \frac{1}{2\pi} e^{-\frac{x^2}{2}} \times \sqrt{2\pi} = \frac{1}{\sqrt{2\pi}} e^{-\frac{x^2}{2}}, \ x \in \mathbf{R}.$$

即 X 的边缘分布为标准正态分布.

同理可得，关于 Y 的边缘概率密度为

$$f_Y(y) = \frac{1}{\sqrt{2\pi}} e^{-\frac{y^2}{2}}, \ y \in \mathbf{R}.$$

关于二维正态分布还有下面更一般的结论.

若 $(X,Y) \sim N(\mu_1,\mu_2,\sigma_1^2,\sigma_2^2,\rho)$，则 $X \sim N(\mu_1,\sigma_1^2)$，$Y \sim N(\mu_2,\sigma_2^2)$.

即二维正态分布的两个边缘分布均为一维正态分布，且只取决于 $\mu_1,\mu_2,\sigma_1,\sigma_2$ 这 4 个参数，与参数 ρ 无关. 这进一步说明：由边缘分布不一定能确定联合分布. 因为按照此理论，只要 $\mu_1,\mu_2,\sigma_1,\sigma_2$ 相同，则边缘正态分布相同. 事实上，因为参数 ρ 不同，二维正态分布就不相同.

习题 3.2

1. 盒子里装有 3 只黑球、2 只红球、2 只白球，在其中任取 4 只球，以 X 表示取到的黑球数，Y 表示取到的红球数，求：(1)X 和 Y 的联合分布律；(2)(X,Y) 关于 X 的和 Y 的边缘分布律.

2. 将一颗骰子连掷两次，以 X 表示第一次掷出的点数，Y 表示两次掷出的最大点数，求：(1)X 和 Y 的联合分布律；(2)(X,Y) 关于 X 的和 Y 的边缘分布律.

3. 设二维随机变量 (X,Y) 的联合概率密度为

$$f(x,y)=\begin{cases}4.8y(2-x), & 0\leqslant x\leqslant 1,0\leqslant y\leqslant x,\\ 0, & 其他,\end{cases}$$

求 (X,Y) 关于 X 的和 Y 的边缘概率密度.

4. 设二维随机变量 (X,Y) 的联合概率密度为

$$f(x,y)=\begin{cases}24y(1-x-y), & x>0,y>0,x+y\leqslant 1,\\ 0, & 其他,\end{cases}$$

求：(X,Y) 关于 X 的和 Y 的边缘概率密度.

5. 设二维随机变量 (X,Y) 的联合概率密度为

$$f(x,y)=\begin{cases}e^{-y}, & 0<x<y,\\ 0, & 其他,\end{cases}$$

求：(1)(X,Y) 关于 X 的和 Y 的边缘概率密度；(2)$P(X+Y<1)$.

6. 设随机变量 X 与 Y 的联合概率密度为

$$f(x,y)=\begin{cases}2xy, & (x,y)\in G,\\ 0, & 其他,\end{cases}$$

其中区域 G 由直线 $y=\dfrac{1}{2}x$，$x=2$ 及 x 轴所围成，试求 X 与 Y 的边缘概率密度.

7. 设二维随机变量 (X,Y) 在区域 $D=\{(x,y)\mid 0<x<1,\mid y\mid\leqslant x\}$ 上服从均匀分布，求：(1)(X,Y) 的联合概率密度；(2)(X,Y) 关于 X 的和关于 Y 的边缘概率密度.

8. 设二维随机变量 (X,Y) 在区域 D 上服从均匀分布，其中区域 D 由曲线 $y=\dfrac{1}{x}$ 及直线 $y=0$，$x=1$，$x=e^2$ 所围成，求：(1)(X,Y) 的联合概率密度；(2)(X,Y) 关于 X 的和关于 Y 的边缘概率密度.

3.3　随机变量的独立性与条件分布

第 1 章介绍了事件的独立性，即一个事件发生的概率不受另一个事件发生与否影响. 二维随机变量 (X,Y) 是一个随机试验的结果，其中一个随机变量取值的概率有时会受到另一个随机变量取值的影响，有时又不会受到另一个随机变量取值的影响，因此引出随机变量的独立性.

3.3.1　随机变量的独立性

定义 3.5　设 $F(x,y)$，$F_X(x)$，$F_Y(y)$ 分别是二维随机变量 (X,Y) 的联合分布函数与边缘分布函数. 对于所有的 x,y，若有

$$F(x,y)=F_X(x)F_Y(y),$$

即

$$P\{X\leqslant x,Y\leqslant y\}=P\{X\leqslant x\}P\{Y\leqslant y\},$$

则称随机变量 X 与 Y **相互独立**.

定理 3.1 设 (X,Y) 为二维离散型随机变量，那么 X 与 Y 相互独立的充要条件为 $P\{X=x_i,Y=y_i\}=P\{X=x_i\}P\{Y=y_i\}$，$\forall i,j=1,2,\cdots$

注 要判别 (X,Y) 中的 X 与 Y 相互独立，必须对"(X,Y) 的任意一组取值"都满足上述等式；若判别 X 与 Y 不独立，则只需找到一组 (X,Y) 的取值不满足上述等式即可.

例 3.12 设随机变量 X 与 Y 的联合分布律为

X\Y	1	2	3
1	1/6	1/9	1/18
2	1/3	a	b

已知 X 与 Y 相互独立，求 a,b 的值.

解 由 X 与 Y 的联合分布律，得 X 的边缘分布律为

X	1	2
P	1/3	1/3+a+b

Y 的边缘分布律为

Y	1	2	3
P	1/2	1/9+a	1/18+b

由分布律的归一性，得

$$a+b=\frac{1}{3}.$$

由 X 与 Y 相互独立，得

$$P(X=1,Y=2)=P(X=1)P(Y=2),$$

即

$$\frac{1}{9}=\frac{1}{3}\times\left(\frac{1}{9}+a\right)\Rightarrow a=\frac{1}{3}-\frac{1}{9}=\frac{2}{9},$$

所以

$$b=\frac{1}{9}.$$

定理 3.2 设二维连续型随机变量 (X,Y) 的联合概率密度和边缘概率密度分别为 $f(x,y),f_X(x),f_Y(y)$，则 X 与 Y 相互独立的充要条件是在任意连续点 (x,y) 处，都有 $f(x,y)=f_X(x)f_Y(y)$.

定理 3.2

■例 3.13　设二维随机变量 (X,Y) 的联合概率密度为

$$f(x,y)=\begin{cases}\dfrac{1}{\pi}, & x^2+y^2\leqslant 1,\\[2mm] 0, & \text{其他},\end{cases}$$

问 X 与 Y 是否相互独立?

解　X 的边缘概率密度函数为

$$f_X(x)=\int_{-\infty}^{+\infty}f(x,y)\mathrm{d}y=\begin{cases}\displaystyle\int_{-\sqrt{1-x^2}}^{\sqrt{1-x^2}}\dfrac{1}{\pi}\mathrm{d}y, & -1\leqslant x\leqslant 1,\\[3mm] 0, & \text{其他}\end{cases}=\begin{cases}\dfrac{2}{\pi}\sqrt{1-x^2}, & -1\leqslant x\leqslant 1,\\[2mm] 0, & \text{其他}.\end{cases}$$

Y 的边缘概率密度函数为

$$f_Y(y)=\int_{-\infty}^{+\infty}f(x,y)\mathrm{d}x=\begin{cases}\displaystyle\int_{-\sqrt{1-y^2}}^{\sqrt{1-y^2}}\dfrac{1}{\pi}\mathrm{d}x, & -1\leqslant y\leqslant 1,\\[3mm] 0, & \text{其他}\end{cases}=\begin{cases}\dfrac{2}{\pi}\sqrt{1-y^2}, & -1\leqslant y\leqslant 1,\\[2mm] 0, & \text{其他}.\end{cases}$$

显然, 在点 $(0.5,0.5)$ 处, $f(0.5,0.5)=\dfrac{1}{\pi}$, $f_X(0.5)=\dfrac{\sqrt{3}}{\pi}$, $f_Y(0.5)=\dfrac{\sqrt{3}}{\pi}$,

$$f(0.5,0.5)\neq f_X(0.5)f_Y(0.5),$$

所以 X 与 Y 不相互独立.

■例 3.14　一负责人到办公室的时间均匀分布在 $8\sim12$ 时, 他的秘书到达时间均匀分布在 $7\sim9$ 时, 设他们到达时间相互独立, 求他们到达时间相差不超过 $5\ \min$（即 $1/12\ \mathrm{h}$）的概率.

解　设负责人到达的时刻为 X, 秘书到达的时刻为 Y, 则

$$X\sim f_X(x)=\begin{cases}\dfrac{1}{4}, & 8\leqslant x\leqslant 12,\\[2mm] 0, & \text{其他},\end{cases}\quad Y\sim f_Y(y)=\begin{cases}\dfrac{1}{2}, & 7\leqslant y\leqslant 9,\\[2mm] 0, & \text{其他}.\end{cases}$$

由 X 与 Y 的独立性得

$$f(x,y)=f_X(x)f_Y(y)=\begin{cases}\dfrac{1}{8}, & 8\leqslant x\leqslant 12,\ 7\leqslant y\leqslant 9,\\[2mm] 0, & \text{其他}.\end{cases}$$

如图 3.9 所示, 所求概率为

$$P\{|X-Y|\leqslant 1/12\}=\iint_D f(x,y)\mathrm{d}x\mathrm{d}y$$

$$=\iint_D \dfrac{1}{8}\mathrm{d}x\mathrm{d}y$$

$$=\dfrac{1}{8}\times S_D=\dfrac{1}{48}.$$

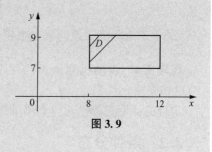

图 3.9

定理 3.3　设随机变量 $(X,Y)\sim N(\mu_1,\mu_2,\sigma_1^2,\sigma_2^2,\rho)$, 则 X 与 Y 相互独立的充要条件为 $\rho=0$.

*　**证明**　随机变量 (X,Y) 的联合概率密度为

$$f(x,y)=\dfrac{1}{2\pi\sigma_1\sigma_2\sqrt{1-\rho^2}}\mathrm{e}^{-\frac{1}{2(1-\rho^2)}\left[\frac{(x-\mu_1)^2}{\sigma_1^2}-\frac{2\rho(x-\mu_1)(y-\mu_2)}{\sigma_1\sigma_2}+\frac{(y-\mu_2)^2}{\sigma_2^2}\right]},\quad (x,y)\in\mathbf{R}^2,$$

由例 3.12 推广的结论知，X 和 Y 均服从一维正态分布，则边缘概率密度函数为

$$f_X(x) = \frac{1}{\sqrt{2\pi}\,\sigma_1} e^{-\frac{(x-\mu_1)^2}{2\sigma_1^2}}, \ x \in \mathbf{R},$$

$$f_Y(y) = \frac{1}{\sqrt{2\pi}\,\sigma_2} e^{-\frac{(y-\mu_2)^2}{2\sigma_2^2}}, \ y \in \mathbf{R}.$$

当 $\rho = 0$ 时，

$$f(x,y) = \frac{1}{2\pi\sigma_1\sigma_2} e^{-\frac{1}{2}\left[\frac{(x-\mu_1)^2}{\sigma_1^2} + \frac{(y-\mu_2)^2}{\sigma_2^2}\right]} = f_X(x)f_Y(y),$$

所以 X 与 Y 相互独立.

反之，当 X 与 Y 相互独立时，在 $f(x,y)$，$f_X(x)$，$f_Y(y)$ 都连续的点 (μ_1,μ_2) 处，有

$$f(\mu_1,\mu_2) = \frac{1}{2\pi\sigma_1\sigma_2\sqrt{1-\rho^2}},$$

$$f_X(\mu_1) = \frac{1}{\sqrt{2\pi}\,\sigma_1}, \ f_Y(\mu_2) = \frac{1}{\sqrt{2\pi}\,\sigma_2}.$$

要使 $f(x,y) = f_X(x)f_Y(y)$ 成立，则有

$$\frac{1}{2\pi\sigma_1\sigma_2\sqrt{1-\rho^2}} = \frac{1}{2\pi\sigma_1\sigma_2},$$

所以 $\rho = 0$.

例 3.15 设二维随机变量 $(X,Y) \sim N(1,0,1,1,0)$，求 $P\{XY-Y<0\}$.

解 由正态分布的结论知，$X \sim N(1,1)$，$Y \sim N(0,1)$.

因为 $\rho = 0$，由定理 3.3 知，X 与 Y 相互独立，所以

$$P\{XY-Y<0\} = P\{(X-1)Y<0\} = P\{X>1, Y<0\} + P\{X<1, Y>0\}$$
$$= P\{X>1\}P\{Y<0\} + P\{X<1\}P\{Y>0\}.$$

由正态分布的对称性，知

$$P\{X>1\} = P\{X<1\} = \frac{1}{2}, \ P\{Y<0\} = P\{Y>0\} = \frac{1}{2},$$

所以

$$P\{XY-Y<0\} = \frac{1}{2} \times \frac{1}{2} + \frac{1}{2} \times \frac{1}{2} = \frac{1}{2}.$$

关于二维随机变量的概念很容易推广到 n 维随机变量的情况.

定理 3.4 设随机变量 X 与 Y 相互独立，$f(x)$，$g(x)$ 为连续函数，则随机变量 $f(X)$ 和 $g(Y)$ 也相互独立.

定理的证明过程已超出本书的讨论范围，故从略.

*3.3.2 条件分布

1. 二维离散型随机变量的条件分布律

定义 3.6 设 (X,Y) 是二维离散型随机变量，对于固定的 j，若 $P\{Y=y_j\}>0$，则称

$$P\{X=x_i \mid Y=y_j\} = \frac{P\{X=x_i, \ Y=y_j\}}{P\{Y=y_j\}}, \ i=1,2\cdots$$

为 $Y=y_j$ 条件下随机变量 X 的**条件分布律**(conditional distribution law).

同样,对于固定的 i,若 $P\{X=x_i\}>0$,则称

$$P\{Y=y_j \mid X=x_i\} = \frac{P\{X=x_i, \ Y=y_j\}}{P\{X=x_i\}}, \ j=1,2\cdots$$

为 $X=x_i$ 条件下随机变量 Y 的**条件分布律**.

■例 3.16　设二维随机变量 (X,Y) 的联合分布律为

Y \ X	0	1	2
0	0.2	0.1	0.3
1	0.1	0.2	0.1

求随机变量 Y 在条件 $X=x_i$ 下的条件分布.

解　容易求得 X 的边缘分布律为

X	0	1
P	0.6	0.4

在 $X=0$ 条件下,有

$$P\{Y=0 \mid X=0\} = \frac{0.2}{0.6} = \frac{1}{3},$$

$$P\{Y=1 \mid X=0\} = \frac{0.1}{0.6} = \frac{1}{6},$$

$$P\{Y=2 \mid X=0\} = \frac{0.3}{0.6} = \frac{1}{2}.$$

所以,当 $X=0$ 时,Y 的条件分布为

Y	0	1	2
$P\{Y \mid X=0\}$	1/3	1/6	1/2

在 $X=1$ 条件下,有

$$P\{Y=0 \mid X=1\} = \frac{0.1}{0.4} = \frac{1}{4},$$

$$P\{Y=1 \mid X=1\} = \frac{0.2}{0.4} = \frac{1}{2},$$

$$P\{Y=2 \mid X=1\} = \frac{0.1}{0.4} = \frac{1}{4}.$$

所以,当 $X=1$ 时,Y 的条件分布为

Y	0	1	2
$P\{Y \mid X=1\}$	1/4	1/2	1/4

2. 二维连续型随机变量的条件概率密度

定义 3.7 设二维连续型随机变量 (X,Y) 的联合概率密度为 $f(x,y)$，关于 X，Y 的边缘概率密度分别为 $f_X(x)$ 和 $f_Y(y)$，则称

$$f_{Y|X}(y|x) = \frac{f(x,y)}{f_X(x)}$$

与

$$F_{Y|X}(y|x) = \frac{\int_{-\infty}^{y} f(x,v)\,\mathrm{d}v}{f_X(x)} = \int_{-\infty}^{y} \frac{f(x,v)}{f_X(x)}\,\mathrm{d}v$$

为给定 $X=x$ 条件下，Y 的**条件概率密度**（conditional probability density）和**条件分布函数**（conditional distribution function）.

在这里，$\quad F_{X|Y}(x|y) = P\{X \leqslant x \mid Y=y\}$，

同理，称

$$f_{X|Y}(x|y) = \frac{f(x,y)}{f_Y(y)}$$

与

$$F_{X|Y}(x|y) = \frac{\int_{-\infty}^{x} f(u,y)\,\mathrm{d}u}{f_Y(y)} = \int_{-\infty}^{x} \frac{f(u,y)}{f_Y(y)}\,\mathrm{d}u$$

为给定 $Y=y$ 条件下，X 的**条件概率密度**和**条件分布函数**.

▌例 3.17 设随机变量 (X,Y) 的联合概率密度为

$$f(x,y) = \begin{cases} 8xy^2, & 0<x<\sqrt{y}<1, \\ 0, & \text{其他}, \end{cases}$$

求条件概率密度 $f(x \mid Y=y)$ 及 $f(y \mid X=x)$.

解 如图 3.10 所示，

$$f_X(x) = \int_{-\infty}^{+\infty} f(x,y)\,\mathrm{d}y = \begin{cases} \int_{x^2}^{1} 8xy^2\,\mathrm{d}y, & 0<x<1, \\ 0, & \text{其他} \end{cases} = \begin{cases} \dfrac{8}{3}(x-x^7), & 0<x<1, \\ 0, & \text{其他}. \end{cases}$$

$$f_Y(y) = \int_{-\infty}^{+\infty} f(x,y)\,\mathrm{d}x = \begin{cases} \int_{0}^{\sqrt{y}} 8xy^2\,\mathrm{d}x, & 0<y<1, \\ 0, & \text{其他} \end{cases} = \begin{cases} 4y^3, & 0<y<1, \\ 0, & \text{其他}. \end{cases}$$

由条件概率密度的定义，

当 $0<y<1$ 时，有

$$f(x \mid Y=y) = \frac{f(x,y)}{f_Y(y)} = \begin{cases} \dfrac{2x}{y}, & 0<x<\sqrt{y}, \\ 0, & \text{其他}, \end{cases}$$

当 $0<x<1$ 时，有

$$f(y \mid X=x) = \frac{f(x,y)}{f_X(x)} = \begin{cases} \dfrac{3y^2}{1-x^6}, & x^2<y<1, \\ 0, & \text{其他}, \end{cases}$$

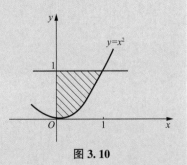

图 3.10

习题 3.3

1. 设 (X,Y) 的联合分布律为

Y \ X	2	5	8
4	0.15	0.30	0.35
8	0.05	0.12	0.03

(1)求关于 X 和 Y 的边缘分布；(2)判断 X 与 Y 是否相互独立，并说明理由.

2. 设二维随机变量 (X,Y) 的联合分布律为

Y \ X	y_1	y_2	y_3
x_1	a	1/9	c
x_2	1/9	b	1/3

已知 X 与 Y 相互独立，求 a,b,c 的值.

3. 设 (X,Y) 服从区域 $D=\{(x,y)\mid 0\leqslant x\leqslant 2,0\leqslant y\leqslant 1\}$ 上的均匀分布，判断 X 与 Y 是否相互独立？

4. 甲、乙两艘船都是 7～8 时到达某码头，且两船到达时间是随机的，每艘船卸货需要 20 min，码头同一时间只能允许一艘船卸货，试计算两艘船使用码头发生冲突的概率.

5. 设 (X,Y) 的密度函数为

$$f(x,y)=\begin{cases} 2\mathrm{e}^{-(x+2y)}, & x>0,y>0, \\ 0, & \text{其他.} \end{cases}$$

(1)X 与 Y 独立吗？为什么？(2)求 $P(X<1,Y>2)$；(3)求 $f_{X\mid Y}(x\mid 1)$ 与 $f_{X\mid Y}(x\mid y)$，其中 $y>0$.

6. 设 (X,Y) 的联合分布律为

Y \ X	0	1	2
0	2/25	a	1/25
1	b	3/25	2/25

且 $P(Y=1\mid X=0)=3/5$，(1)求 a,b 的值；(2)X 与 Y 独立吗？为什么？

3.4 二维随机变量函数的分布

第 2 章中, 讨论过一维随机变量函数的分布, 在现实生活中, 很多变量受到两个及两个以上随机变量的影响. 因此, 研究多维随机变量函数的分布有一定的应用价值. 下面分别讨论二维离散型随机变量和二维连续型随机变量函数的分布.

3.4.1 二维离散型随机变量函数的分布

■**例 3.18** 设 (X,Y) 的联合分布律为

X \ Y	-1	0	1	2
0	4/20	3/20	2/20	6/20
1	2/20	0	2/20	1/20

(1)求 $Z_1 = X+Y$ 的分布律; (2)求 $Z_2 = \max\{X,Y\}$ 的分布律.

解 我们以表格的形式给出过程和结果

(X,Y)	$(0,-1)$	$(0,0)$	$(0,1)$	$(0,2)$	$(1,-1)$	$(1,0)$	$(1,1)$	$(1,2)$
$Z_1 = X+Y$	-1	0	1	2	0	1	2	3
$Z_2 = \max\{X,Y\}$	0	0	1	2	1	1	1	2
P	4/20	3/20	2/20	6/20	2/20	0	2/20	1/20

所以 $Z_1 = X+Y$ 的分布律为

Z_1	-1	0	1	2	3
P	4/20	5/20	2/20	8/20	1/20

$Z_2 = \max\{X,Y\}$ 的分布律为

Z_2	0	1	2
P	7/20	6/20	7/20

■**例 3.19** 设 $X \sim P(\lambda_1)$, $Y \sim P(\lambda_2)$, 且 X 与 Y 相互独立, 证明: $X+Y \sim P(\lambda_1+\lambda_2)$.

证明 因为 $P(X=i) = \dfrac{\lambda_1^i}{i!} e^{\lambda_1}, i=0,1,\cdots$, $P(Y=j) = \dfrac{\lambda_2^j}{j!} e^{\lambda_2}, j=0,1,\cdots$,

所以

$$P\{X+Y=k\} = P\{(X=0,Y=k) \cup (X=1,Y=k-1) \cup \cdots \cup (X=k,Y=0)\}$$
$$= P(X=0,Y=k) + P(X=1,Y=k-1) + \cdots + P(X=k,Y=0),$$

因为 X 与 Y 相互独立，所以

$$P\{X+Y=k\}=P(X=0)P(Y=k)+P(X=1)P(Y=k-1)+\cdots+P(X=k)P(Y=0)$$

$$=\mathrm{e}^{-\lambda_1}\cdot\frac{\lambda_2^k}{k!}\mathrm{e}^{-\lambda_2}+\lambda_1\mathrm{e}^{-\lambda_1}\cdot\frac{\lambda_2^{k-1}}{(k-1)!}\mathrm{e}^{-\lambda_2}+\cdots+\frac{\lambda_1^k}{k!}\mathrm{e}^{-\lambda_1}\cdot\mathrm{e}^{-\lambda_2}$$

$$=\mathrm{e}^{-(\lambda_1+\lambda_2)}\left[\frac{\lambda_2^k}{k!}+\lambda_1\cdot\frac{\lambda_2^{k-1}}{(k-1)!}+\frac{\lambda_1^2}{2!}\cdot\frac{\lambda_2^{k-2}}{(k-2)!}+\cdots+\frac{\lambda_1^k}{k!}\right]$$

$$=\frac{\mathrm{e}^{-(\lambda_1+\lambda_2)}}{k!}\left[\lambda_2^k+k\lambda_1\lambda_2^{k-1}+\frac{k(k-1)}{2!}\lambda_1^2\lambda_2^{k-2}+\cdots+\lambda_1^k\right]$$

$$=\frac{\mathrm{e}^{-(\lambda_1+\lambda_2)}}{k!}\left[C_k^0\lambda_2^k+C_k^1\lambda_1\lambda_2^{k-1}+C_k^2\lambda_1^2\lambda_2^{k-2}+\cdots+C_k^k\lambda_1^k\right]$$

$$=\frac{\mathrm{e}^{-(\lambda_1+\lambda_2)}}{k!}\cdot(\lambda_1+\lambda_2)^k,$$

即

$$P\{X+Y=k\}=\frac{\mathrm{e}^{-(\lambda_1+\lambda_2)}}{k!}(\lambda_1+\lambda_2)^k,k=0,1,2,\cdots,$$

所以 $X+Y\sim P(\lambda_1+\lambda_2)$. 证毕.

由以上两个例子可以看出，求二维离散型随机变量函数的分布律的方法与一维时的思想一样：首先确定随机变量函数所有可能的取值，然后分别求出所有取值的概率并进行整理，即可得到随机变量函数的分布律.

例 3.19 描述了泊松分布的可加性，常用的离散型随机变量的可加性总结如下.

（1）0-1 分布：若随机变量 $X_1,X_2,\cdots,X_n$ 相互独立，且 $X_i\sim B(1,p),i=1,\cdots,n$，则

$$X_1+X_2+\cdots+X_n\sim B(n,p).$$

（2）二项分布：若随机变量 X 与 Y 相互独立，且 $X\sim B(m,p)$，$Y\sim B(n,p)$，则

$$X+Y\sim B(m+n,p).$$

（3）泊松分布：若随机变量 X 与 Y 相互独立，且 $X\sim P(\lambda_1)$，$Y\sim P(\lambda_2)$，则

$$X+Y\sim P(\lambda_1+\lambda_2).$$

二项分布的
可加性

3.4.2　二维连续型随机变量函数的分布

设二维连续型随机变量 (X,Y) 的联合概率密度为 $f(x,y)$，如何求出 $Z=g(X,Y)$ 的分布呢？与一维连续型随机变量函数的分布的求解方法类似，可用分布函数法. 先求 Z 的分布函数

$$F_Z(z)=P\{Z\leqslant z\}=P\{g(X,Y)\leqslant z\}=\iint\limits_{g(x,y)\leqslant z}f(x,y)\,\mathrm{d}x\mathrm{d}y.$$

然后求导，得 Z 的概率密度函数

$$f_Z(z)=\frac{\mathrm{d}F_Z(z)}{\mathrm{d}z}.$$

下面介绍几种常用的函数情况.

1. 和的分布

■例 3.20　设二维随机变量 (X,Y) 服从区域 D 上的均匀分布，其中 D 由直线 $x=0,y=0$，$x=2,y=2$ 所围成，求 $Z=X-Y$ 的概率密度函数.

解 区域 D 如图 3.11 所示，其面积为 4，则 (X,Y) 的联合概率密度为

$$f(x,y)=\begin{cases}1/4, & (x,y)\in D,\\ 0, & \text{其他}.\end{cases}$$

Z 的分布函数为

$$F_Z(z)=P(Z\leqslant z)=P(X-Y\leqslant z)=\iint\limits_{x-y\leqslant z}f(x,y)\,\mathrm{d}x\mathrm{d}y.$$

(1) 如图 3.11(a)所示，当 $z\leqslant-2$ 时，

$$F_Z(z)=\iint\limits_{x-y\leqslant z}f(x,y)\,\mathrm{d}x\mathrm{d}y=\iint\limits_{x-y\leqslant z}0\,\mathrm{d}x\mathrm{d}y=0.$$

(2) 如图 3.11(b)所示，当 $-2\leqslant z\leqslant 0$ 时，

$$F_Z(z)=\iint\limits_{x-y\leqslant z}f(x,y)\,\mathrm{d}x\mathrm{d}y=\iint\limits_{D_1}\frac{1}{4}\mathrm{d}x\mathrm{d}y=\frac{1}{4}S_{D_1}=\frac{1}{4}\cdot\frac{1}{2}(2+z)^2=\frac{1}{8}(2+z)^2.$$

(3) 如图 3.11(c)所示，当 $0\leqslant z\leqslant 2$ 时，

$$F_Z(z)=\iint\limits_{x-y\leqslant z}f(x,y)\,\mathrm{d}x\mathrm{d}y=\iint\limits_{D_2}\frac{1}{4}\mathrm{d}x\mathrm{d}y=\frac{1}{4}S_{D_2}=\frac{1}{4}(S_D-S_{D_3})$$

$$=\frac{1}{4}\left[4-\frac{1}{2}\times(2-z)^2\right]=1-\frac{1}{8}(2-z)^2.$$

(4) 如图 3.11(d)所示，当 $z\geqslant 2$ 时，

$$F_Z(z)=\iint\limits_{x-y\leqslant z}f(x,y)\,\mathrm{d}x\mathrm{d}y=\iint\limits_{D}\frac{1}{4}\mathrm{d}x\mathrm{d}y=\frac{1}{4}S_D=1.$$

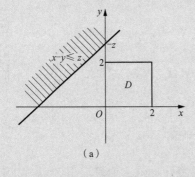

(a)

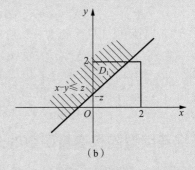

(b)

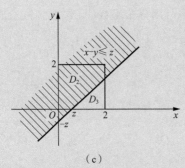

(c)

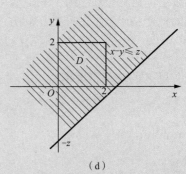

(d)

图 3.11

综上可得,

$$F_Z(z) = \begin{cases} 0, & z \leqslant -2, \\ \dfrac{1}{8}(2+z)^2, & -2 < z \leqslant 0, \\ 1 - \dfrac{1}{8}(2-z)^2, & 0 < z \leqslant 2, \\ 1, & z > 2. \end{cases}$$

所以, $Z = X - Y$ 的概率密度函数为

$$f_Z(z) = \begin{cases} \dfrac{1}{4}(2+z), & -2 < z < 0, \\ \dfrac{1}{4}(2+z), & 0 < z < 2, \\ 0, & 其他. \end{cases}$$

再如, 求 $Z = X + Y$ 的分布时, 除了利用例 3.20 中的方法之外, 还可以利用如下定理来求.

定理 3.5　设二维随机变量 (X, Y) 的联合概率密度为 $f(x, y)$, 则 $Z = X + Y$ 的概率密度为

$$f_Z(z) = \int_{-\infty}^{+\infty} f(x, z - x) \mathrm{d}x$$

或

$$f_Z(z) = \int_{-\infty}^{+\infty} f(z - y, \ y) \mathrm{d}y.$$

定理 3.5

注　若 X 与 Y 相互独立, 则 (X, Y) 的联合概率密度 $f(x, y) = f_X(x) f_Y(y)$, 则 $Z = X + Y$ 的概率密度为

$$f_Z(z) = \int_{-\infty}^{+\infty} f_X(x) f_Y(z - x) \mathrm{d}x$$

或

$$f_Z(z) = \int_{-\infty}^{+\infty} f_X(z - y) f_Y(y) \mathrm{d}y.$$

例 3.21　设随机变量 X 与 Y 相互独立, 且都服从标准正态分布 $N(0, 1)$, 试求 $Z = X + Y$ 的概率密度函数.

解　因为 X 与 Y 相互独立, 所以 $Z = X + Y$ 的概率密度函数为

$$f_Z(z) = \int_{-\infty}^{+\infty} f_X(x) f_Y(z - x) \mathrm{d}x = \int_{-\infty}^{+\infty} \frac{1}{\sqrt{2\pi}} \mathrm{e}^{-\frac{x^2}{2}} \times \frac{1}{\sqrt{2\pi}} \mathrm{e}^{-\frac{(z-x)^2}{2}} \mathrm{d}x = \frac{1}{2\pi} \int_{-\infty}^{+\infty} \mathrm{e}^{-\frac{2x^2 - 2zx + z^2}{2}} \mathrm{d}x$$

$$= \frac{1}{2\pi} \int_{-\infty}^{+\infty} \mathrm{e}^{-\frac{(\sqrt{2}x - \frac{1}{\sqrt{2}}z)^2 + \frac{z^2}{2}}{2}} \mathrm{d}x = \frac{1}{2\pi} \mathrm{e}^{-\frac{z^2}{4}} \int_{-\infty}^{+\infty} \mathrm{e}^{-\frac{(\sqrt{2}x - \frac{1}{\sqrt{2}}z)^2}{2}} \mathrm{d}x \xrightarrow{\text{令}\sqrt{2}x - \frac{1}{\sqrt{2}}z = t} \frac{1}{2\sqrt{2}\pi} \mathrm{e}^{-\frac{z^2}{4}} \int_{-\infty}^{+\infty} \mathrm{e}^{-\frac{t^2}{2}} \mathrm{d}t$$

$$= \frac{1}{2\sqrt{2}\pi} \mathrm{e}^{-\frac{z^2}{4}} \times \sqrt{2\pi} = \frac{1}{2\sqrt{\pi}} \mathrm{e}^{-\frac{z^2}{4}} = \frac{1}{\sqrt{2}\sqrt{2\pi}} \mathrm{e}^{-\frac{z^2}{2(\sqrt{2})^2}},$$

所以 $Z \sim N(0, 2)$.

注 本题也可以用定理中的公式 $f_Z(z) = \int_{-\infty}^{+\infty} f_X(z-y) f_Y(y) \mathrm{d}y$ 计算，可以得到相同的结果.

把例 3.21 的结论推广得到正态分布的可加性.

定理 3.6 设 $X_i \sim N(\mu_i, \sigma_i^2)$，$i = 1, 2, \cdots, n$，$X_1, X_2, \cdots, X_n$ 相互独立，则

$$k_1 X_1 + k_2 X_2 + \cdots + k_n X_n \sim N(k_1\mu_1 + k_2\mu_2 + \cdots + k_n\mu_n,\ k_1^2\sigma_1^2 + k_2^2\sigma_2^2 + \cdots + k_n^2\sigma_n^2),$$

即

$$\sum_{i=1}^{n} k_i X_i \sim N\left(\sum_{i=1}^{n} k_i\mu_i,\ \sum_{i=1}^{n} k_i^2\sigma_i^2\right).$$

■**例 3.22** 卡车装运水泥，设每袋水泥的重量为 X kg，且 $X \sim N(50, 2.5^2)$，该卡车的额定载重量为 2000 kg，问最多装多少袋水泥，可使卡车超载的概率不超过 0.05.

解 设最多装 n 袋水泥，X_i 为第 i 袋水泥的重量，$i = 1, 2, \cdots, n$，则 $X_i \sim N(50, 2.5^2)$，由定理 3.7，知

$$\sum_{i=1}^{n} X_i \sim N(50n, 2.5^2 n).$$

由题意得

$$P\left(\sum_{i=1}^{n} X_i > 2000\right) \leq 0.05,$$

即

$$P\left(\sum_{i=1}^{n} X_i \leq 2000\right) \geq 0.95,$$

也即

$$\Phi\left(\frac{2000 - 50n}{2.5\sqrt{n}}\right) \geq 0.95.$$

查表得

$$\frac{2000 - 50n}{2.5\sqrt{n}} \geq 1.645,$$

解得 $n \leq 39$ 或 $n \geq 41$（舍去）.

故最多装 39 袋水泥能使卡车超载的概率不超过 0.05.

2. 最大值和最小值分布

定理 3.7 设随机变量 X 与 Y 相互独立，其分布函数分别为 $F_X(x)$，$F_Y(x)$，则 X, Y 的极大值 $M = \max\{X, Y\}$ 和极小值 $N = \min\{X, Y\}$ 的分布函数分别为

$$F_M(z) = F_X(z) F_Y(z)$$

和

$$F_N(z) = 1 - [1 - F_X(z)][1 - F_Y(z)].$$

证明 $F_M(z) = P\{\max(X, Y) \leq z\} = P\{X \leq z, Y \leq z\} \xupuwn{独立性} P\{X \leq z\} P\{Y \leq z\} = F_X(z) F_Y(z),$

$F_N(z) = P\{\min(X, Y) \leq z\} = 1 - P\{\min(X, Y) > z\} = 1 - P\{X > z, Y > z\}$

$\xupuwn{独立性} 1 - P\{X > z\} P\{Y > z\} = 1 - [1 - P\{X \leq z\}][1 - P\{Y \leq z\}]$

$= 1 - [1 - F_X(z)][1 - F_Y(z)].$

定理 3.7 可以推广到多个随机变量的情形：

设随机变量 $X_1, X_2, \cdots, X_n$ 相互独立，其分布函数分别为 $F_1(x), F_2(x), \cdots, F_n(x)$，则 $M = \max\{X_1, X_2, \cdots, X_n\}$ 和 $N = \min\{X_1, X_2, \cdots, X_n\}$ 的分布函数分别为

$$F_M(z) = F_1(z) F_2(z) \cdots F_n(z)$$

和

$$F_N(z) = 1 - [1 - F_1(z)][1 - F_2(z)] \cdots [1 - F_n(z)].$$

特别地，当 n 个随机变量 $X_1, X_2, \cdots, X_n$ 独立同分布时，若他们有共同的分布函数 $F(x)$，则

$$F_M(z) = [F(z)]^n,$$
$$F_N(z) = 1 - [1 - F(z)]^n.$$

■**例 3.23**　设系统 L 由两个相互独立的子系统连接而成，连接的方式分别为串联（见图 3.12(a)），并联（见图 3.12(b)）设 L_1，L_2 的寿命分别为 X 与 Y，已知它们的概率密度分别为

$$f_X(x) = \begin{cases} \alpha e^{-\alpha x} & x > 0, \\ 0 & x \le 0, \end{cases} \quad f_Y(y) = \begin{cases} \beta e^{-\beta y} & y > 0, \\ 0 & y \le 0, \end{cases}$$

其中 $\alpha > 0, \beta > 0$，试分别就以上两种连接方式求出 L 的寿命 Z 的概率密度.

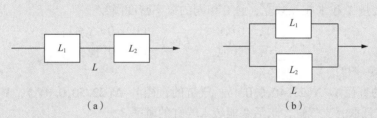

（a）　　　　　　　　　　（b）

图 3.12

解　X 和 Y 的分布函数分别为

$$F_X(x) = \int_{-\infty}^{x} f_X(x)\,\mathrm{d}x = \begin{cases} 1 - e^{-\alpha x}, & x > 0, \\ 0, & x \le 0, \end{cases}$$

$$F_Y(y) = \int_{-\infty}^{y} f_Y(x)\,\mathrm{d}x = \begin{cases} 1 - e^{-\beta y}, & y > 0, \\ 0, & y \le 0. \end{cases}$$

（1）串联下 L 的寿命 $Z = \min\{X, Y\}$ 的分布函数为

$$F_Z(z) = \begin{cases} 1 - e^{-(\alpha+\beta)z}, & z > 0, \\ 0, & z \le 0, \end{cases}$$

所以 $Z = \min\{X, Y\}$ 的概率密度函数为

$$f_Z(z) = F_Z'(z) = \begin{cases} (\alpha+\beta) e^{-(\alpha+\beta)z}, & z > 0, \\ 0, & z \le 0. \end{cases}$$

（2）并联下 L 的寿命 $Z = \max\{X, Y\}$ 的分布函数为

$$F_Z(z) = \begin{cases} (1 - e^{-\alpha z})(1 - e^{-\beta z}), & z > 0, \\ 0, & z \le 0. \end{cases}$$

所以 $Z = \max\{X, Y\}$ 的概率密度为

$$f_Z(z) = F_Z'(z) = \begin{cases} \alpha e^{-\alpha z} + \beta e^{-\beta z} - (\alpha+\beta) e^{-(\alpha+\beta)z}, & z > 0, \\ 0, & z \le 0. \end{cases}$$

习题 3.4

1. 设 (X,Y) 的联合分布律为

X \ Y	0	1	2
-2	1/16	2/16	3/16
-1	2/16	0	1/16
0	3/16	1/16	3/16

求以下变量的分布律：（1）$Z_1 = X+Y$；（2）$Z_2 = X-Y$；（3）$Z_3 = XY$；（4）$Z_4 = \max\{X,Y\}$；（5）$Z_5 = \min\{X,Y\}$.

2. 设 (X,Y) 服从区域 $D = \{(x,y) \mid 0 \le x \le 2, 0 \le y \le 2\}$ 上的均匀分布，求 $Z = X+Y$ 的概率密度.

3. 设随机变量 X 和 Y 相互独立，且有相同的概率密度函数

$$f_X(x) = \begin{cases} 1, & 0 \le x \le 1, \\ 0, & \text{其他,} \end{cases} f_Y(y) = \begin{cases} 1, & 0 \le y \le 1, \\ 0, & \text{其他,} \end{cases}$$

求 $Z = X+Y$ 的概率密度.

4. 设活塞的直径 $X \sim N(22.40, 0.03^2)$，气缸的直径 $Y \sim N(22.50, 0.04^2)$，X 与 Y 相互独立，任取一支活塞，任取一支气缸，求活塞能装入气缸的概率.

5. 设随机变量 X 和 Y 独立，且 $X \sim U(0,1)$，$Y \sim E(1)$，试求 $Z = X+Y$ 的概率密度.

6. 设随机变量 X 和 Y 相互独立，且

$$X \sim f_X(x) = \begin{cases} 2x, & 0 < x < 1, \\ 0, & \text{其他,} \end{cases} Y \sim f_Y(y) = \begin{cases} 1, & 0 < y < 1, \\ 0, & \text{其他.} \end{cases}$$

（1）求 $M = \max\{X,Y\}$ 的分布函数；（2）求 $N = \min\{X,Y\}$ 的分布函数.

7. 设 X 与 Y 相互独立且 $f_X(x) = \begin{cases} e^{-x} & x > 0, \\ 0 & x \le 0, \end{cases} f_Y(y) = \begin{cases} 2e^{-2y} & y > 0, \\ 0 & y \le 0, \end{cases}$ 求 $Z = X+Y$ 的概率密度函数.

8. 设 (X,Y) 的联合概率密度为 $f(x,y) = \dfrac{1}{2\pi} e^{-\frac{x^2+y^2}{2}}$，$Z = \sqrt{X^2+Y^2}$，求 Z 的概率密度.

9. 设 X 与 Y 是独立同分布的随机变量，它们都服从参数为 λ 的指数分布 $E(\lambda)$，记 $M = \max\{X,Y\}$，$N = \min\{X,Y\}$，（1）求 M 的概率密度；（2）证明 $N \sim E(2\lambda)$.

 阅读材料

蒙特卡罗模拟

蒙特卡罗（Monte Carlo）模拟，也叫统计模拟，是美国物理学家米特罗波利斯（Metropolis）

提出来的, 其基本思想很早以前就被人们发现和利用. 早在 17 世纪, 人们就知道用事件发生的"频率"来决定事件的"概率". 19 世纪人们用投针试验的方法来决定圆周率 π. 20 世纪 40 年代电子计算机的出现, 特别是近年来高速电子计算机的出现, 使得用数学方法在计算机上大量、快速地模拟这样的试验成为可能.

蒙特卡罗模拟是一种通过设定随机过程, 反复生成时间序列, 计算参数估计量和统计量, 进而研究其分布特征的方法. 蒙特卡罗模拟方法的原理是当问题或对象本身具有概率特征时, 可以用计算机模拟的方法产生抽样结果, 根据抽样计算统计量或者参数的值; 随着模拟次数的增多, 可以通过对各次统计量或参数的估计值求平均的方法得到稳定结论. 由于涉及时间序列的反复生成, 蒙特卡罗模拟的应用是以高容量和高速度的计算机为前提条件的, 因此在近些年才得到广泛推广.

第 3 章总习题

一、填空题

1. (2015) 设二维随机变量 $(X,Y) \sim N(1,0;1,1,0)$, 则 $P(XY-Y<0)=$ _____.

2. (2006) 设随机变量 X 与 Y 相互独立, 且都服从区间 $(0,3)$ 上的均匀分布, 则 $P\{\max(X,Y) \leqslant 1\}=$ _____.

3. 设二维随机变量 (X,Y) 的概率密度为 $f(x,y)=\dfrac{1}{2\pi}e^{-\frac{x^2+y^2}{2}}$, 则 (X,Y) 关于 Y 的边缘概率密度为 _____.

4. 设随机变量 X 的概率密度为 $f(x)=\begin{cases} 1/4, & -2<x<0, \\ 1/2, & 0 \leqslant x<1, \\ 0, & 其他, \end{cases}$ 记 $Y=X^2$, 二维随机变量 (X,Y) 的分布函数为 $F(X,Y)$, 则 $F(-1,4)=$ _____.

5. 设二维随机变量 $(X,Y) \sim N(\mu_1,\mu_2,\sigma_1^2,\sigma_2^2,\rho)$, 则随机变量 $X \sim$ _____, X 与 Y 相互独立的充要条件为 _____.

二、选择题

6. 设随机变量 X 与 Y 相互独立, 且有相同的分布律 $\begin{pmatrix} -1 & 1 \\ 1/4 & 3/4 \end{pmatrix}$, 则有( ).

A. $P(X=Y)=1$ B. $P(X=Y)=0$

C. $P(X=Y)=1/2$ D. $P(X=Y)=5/8$

7. 设随机变量 X 与 Y 相互独立, 且 $X \sim N(0,1)$, $Y \sim N(1,1)$, 则有( ).

A. $P(X+Y \geqslant 0)=1/2$ B. $P(X-Y \geqslant 0)=1/2$

C. $P(X+Y \geqslant 1)=1/2$ D. $P(X-Y \geqslant 1)=1/2$

8. 设随机变量 (X,Y) 的联合分布为 $F(x,y)$, 边缘分布函数分别为 $F_X(x)$ 和 $F_Y(y)$, 则 $P\{X>1,Y>1\}=($).

A. $1-F(1,1)$ B. $1-F_X(1)-F_Y(1)$

C. $F(1,1)-F_X(1)-F_Y(1)+1$ D. $F(1,1)+F_X(1)+F_Y(1)-1$

9. 设随机变量 X 与 Y 相互独立，且都服从指数分布 $E(1)$，则 $P\{1<\min(X,Y)<2\}=(\quad)$.

A. $e^{-1}-e^{-2}$ B. $1-e^{-1}$ C. $1-e^{-2}$ D. $e^{-2}-e^{-4}$

10. 设随机变量 X 与 Y 相互独立，且都服从二项分布 $B(1,0.5)$，则 $P\{X=Y\}=(\quad)$.

A. 0   B. 1/4   C. 1/2   D. 1

11. (1999)设随机变量 X 与 Y 相互独立，且 $X\sim N(0,1)$，$Y\sim N(1,1)$，则有($\quad$).

A. $P(X+Y\geqslant0)=1/2$ B. $P(X-Y\geqslant0)=1/2$

C. $P(X+Y\geqslant1)=1/2$ D. $P(X-Y\geqslant1)=1/2$

12. (2020)设随机变量 (X,Y) 服从二维正态分布 $N(0,0;1,4;-0.5)$，下列随机变量中服从标准正态分布且与 X 独立的是($\quad$).

A. $\frac{\sqrt{5}}{5}(X+Y)$ B. $\frac{\sqrt{5}}{5}(X-Y)$ C. $\frac{\sqrt{3}}{3}(X+Y)$ D. $\frac{\sqrt{3}}{3}(X-Y)$

13. (2019)设随机变量 X 与 Y 相互独立，且都服从正态分布 $N(\mu,\sigma^2)$，则 $P(|X-Y|<1)$ ($\quad$).

A. 与 μ 无关，而与 σ^2 有关   B. 与 μ 有关，而与 σ^2 无关

C. 与 μ 和 σ^2 都有关   D. 与 μ 和 σ^2 都无关

14. (2013)设随机变量 X 与 Y 相互独立，且 X 和 Y 的概率分布分别为

X	0	1	2	3
P	1/2	1/4	1/8	1/8

Y	-1	0	1
P	1/3	1/3	1/3

则 $P(X+Y=2)=(\quad)$.

A. $\frac{1}{12}$ B. $\frac{1}{8}$ C. $\frac{1}{6}$ D. $\frac{1}{2}$

15. (2012)设随机变量 X 与 Y 相互独立，且都服从区间 $(0,1)$ 上的均匀分布 $U(0,1)$，则 $P(X^2+Y^2\leqslant1)=(\quad)$.

A. $\frac{1}{4}$ B. $\frac{1}{2}$ C. $\frac{\pi}{8}$ D. $\frac{\pi}{4}$

三、计算题

16. 设二维随机变量 (X,Y) 服从区域 D 上的均匀分布，其中 D 由直线 $y=x$ 及曲线 $y=x^2$ 所围成，求 $P(0\leqslant X\leqslant0.5,0\leqslant Y\leqslant0.5)$.

17. 设 (X,Y) 的联合密度为

$$f(x,y)=\begin{cases}k(1-x)y, & 0<x<1,0<y<x,\\0, & 其他,\end{cases}$$

(1)求常数 k；(2)分别求 (X,Y) 关于 X 的和关于 Y 的边缘密度函数 $f_X(x)$ 和 $f_Y(y)$；(3)判断 X 与 Y 的独立性.

18. (2019)设随机变量 X 与 Y 相互独立，X 服从参数为 1 的指数分布 $E(1)$，Y 的概率分布为 $P(Y=-1)=p$，$P(Y=1)=1-p$，$0<p<1$，令 $Z=XY$，

(1)求 Z 的概率密度函数；(2) X 与 Z 是否相互独立？为什么？

19. (2012)设二维随机变量 (X,Y) 的联合概率分布为

X \ Y	0	1	2
0	1/4	0	1/4
1	0	1/3	0
2	1/12	0	1/12

求 $P(X=2Y)$.

20. (2017) 设随机变量 X 与 Y 相互独立，X 的概率分布为 $P(Y=0)=P(Y=2)=0.5$，Y 的概率密度为

$$f(y)=\begin{cases}2y, & 0<y<1,\\ 0, & 其他.\end{cases}$$

求 $Z=X+Y$ 的概率密度.

4

第 4 章
随机变量的数字特征

随机变量的分布是对随机变量统计规律性的完整描述，根据其分布可以计算有关随机变量事件的概率. 但在实际问题中，一方面，某些随机变量的概率分布或概率密度有时不易确定；另一方面，有时并不需要全面考察随机变量的分布情况，只需知道随机变量在某些方面的特征. 例如，检查某种型号的灯泡的质量时，通常关注的是灯泡的平均寿命. 这说明平均值是随机变量的一个重要的数量指标. 又比如，选拔优秀的运动员参加比赛，不仅要考察运动员的平均成绩（平均值），还要关注其单项成绩与平均成绩（平均值）的偏离程度，只有总的偏离程度较小的才被认为是发挥稳定的运动员，也就是被选拔对象. 这说明随机变量与其平均值的偏离程度也是一个重要的数量指标. 这些描述随机变量某种特征的数量指标称为随机变量的数字特征，它们在理论和实践中都具有非常重要的意义. 本章将介绍几个随机变量常用的数字特征：数学期望、方差、协方差、相关系数、矩、分位数与中位数等.

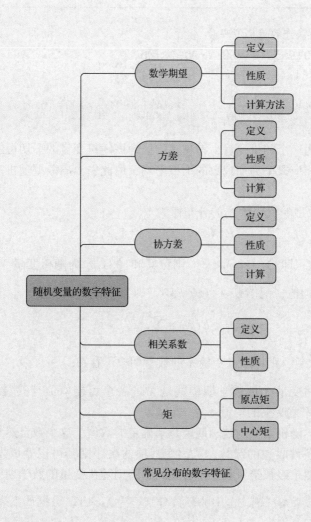

4.1 数学期望

4.1.1 离散型随机变量的数学期望

■例 4.1 设某班 40 名学生的"概率统计"课程成绩统计情况如下所示：

数学期望

分数	40	60	70	80	90	100
人数	1	6	9	15	7	2

则学生的平均成绩是总分数除以总人数，

即
$$\frac{1\times40+6\times60+9\times70+15\times80+7\times90+2\times100}{1+6+9+15+7+2}=76.5(\text{分}),$$

也可表示为
$$\frac{1}{40}\times40+\frac{6}{40}\times60+\frac{9}{40}\times70+\frac{15}{40}\times80+\frac{7}{40}\times90+\frac{2}{40}\times100=76.5(\text{分}).$$

将学生的分数视为一个随机变量，易见其均值为该随机变量的一切可能取值与相应概率的乘积的总和，也是以相应概率为加权数的加权平均，由此引出离散型随机变量的均值，即数学期望的概念.

定义 4.1 设离散型随机变量 X 的分布律为
$$P\{X=x_k\}=p_k,\ k=1,2,\cdots$$

若级数 $\sum_{k=1}^{\infty}|x_k|p_k$ 收敛，即 $\sum_{k=1}^{\infty}|x_k|p_k<\infty$，则称其和 $\sum_{k=1}^{\infty}x_kp_k$ 为随机变量 X 的**数学期望**（mathematical expectation）或均值，记作 $E(X)$（或 EX），即

$$E(X)=\sum_{k=1}^{\infty}x_kp_k,$$

若级数 $\sum_{k=1}^{\infty}|x_k|p_k$ 不收敛，则称随机变量 X 的数学期望不存在.

显然，离散型随机变量 X 的数学期望就是 X 的各个可能取值与其对应概率的乘积之和，它是随机变量 X 的概率意义上的均值.

由定义 4.1 表明，随机变量的数学期望是个确定的数值，这个数自然与 X 的各个可能取值的排列次序无关，而条件收敛的级数，若改变其项的次序则其可以变成发散的或具有任意的和，所以定义 4.1 中要求级数绝对收敛是合理的，否则随机变量的数学期望不存在.

■例 4.2 甲、乙两人打靶，击中的环数分别记为 X 和 Y，数据如下表，比较两人谁的成绩较好？

X	8	9	10
P	0.3	0.1	0.6

Y	8	9	10
P	0.2	0.5	0.3

解
$$E(X)=8\times0.3+9\times0.1+10\times0.6=9.3,$$
$$E(Y)=8\times0.2+9\times0.5+10\times0.3=9.1.$$

因此，可以认为甲比乙的成绩好.

▪**例 4.3**　设离散型随机变量 X 的概率分布为

$$P\left\{X=(-1)^i \frac{i}{2^i}\right\}=\frac{1}{2^i}\ (i=1,2,\cdots),$$

则级数

$$\sum_{i=1}^{\infty} x_i p_i=\sum_{i=1}^{\infty}(-1)^i \frac{2^i}{i}\cdot\frac{1}{2^i}=\sum_{i=1}^{\infty}\frac{(-1)^i}{i}=-\ln 2,$$

是收敛的，但

$$\sum_{i=1}^{\infty}|x_i|p_i=\sum_{i=1}^{\infty}\frac{2^i}{i}\cdot\frac{1}{2^i}=\sum_{i=1}^{\infty}\frac{1}{i}=\infty,$$

是发散的，所以数学期望 $E(X)$ 不存在.

下面来计算一些常用离散型分布的数学期望.

1. 0-1 分布

设随机变量 X 的概率分布为

$$P\{X=1\}=p,\ P\{X=0\}=1-p,$$

则

$$E(X)=1\times p+0\times(1-p)=p,$$

即 0-1 分布的数学期望恰为随机变量 X 取 1 的概率 p.

2. 二项分布

设 $X\sim B(n,p)$，其概率分布为

$$P\{X=k\}=\mathrm{C}_n^k p^k q^{n-k}(k=0,1,2,\cdots,n;p+q=1),$$

则

$$E(X)=\sum_{k=0}^{n} k\mathrm{C}_n^k p^k q^{n-k}=\sum_{k=1}^{n} k\frac{n!}{k!\ (n-k)!}p^k q^{n-k}$$

$$=np\sum_{k=1}^{n}\frac{(n-1)!}{(k-1)!\ (n-k)!}p^{k-1}q^{n-k}=np\sum_{k=1}^{n}\mathrm{C}_{n-1}^{k-1}p^{k-1}q^{(n-1)-(k-1)}$$

$$\xlongequal{\text{令}\ m=k-1}np\sum_{m=0}^{n-1}\mathrm{C}_{n-1}^m p^m q^{(n-1)-m}=np(p+q)^{n-1}=np.$$

此结果表明，在 n 重伯努利试验中，事件 A 发生的平均次数为 np. 例如，$P(A)=0.1$，则在 100 次的重复独立试验中，事件 A 发生的平均次数为 $100\times0.1=10$.

3. 泊松分布

设 $X\sim P(\lambda)$，其分布律为

$$P\{X=k\}=\frac{\lambda^k}{k!}\mathrm{e}^{-\lambda}(k=0,1,2,\cdots,\lambda>0\ \text{为常数}),$$

则

$$E(X)=\sum_{k=1}^{\infty} k\frac{\lambda^k}{k!}\mathrm{e}^{-\lambda}=\lambda\mathrm{e}^{-\lambda}\sum_{k=1}^{\infty}\frac{\lambda^{k-1}}{(k-1)!}=\lambda\mathrm{e}^{-\lambda}\mathrm{e}^{\lambda}=\lambda.$$

可见，服从泊松分布 $P(\lambda)$ 的随机变量的数学期望恰好是参数 λ，记住这一结果在应用中是十分方便的. 例如，我们知道通常在某段时间内到达商店的顾客数服从泊松分布，因此，若要比较两个商店在一段时间内的平均客流量的大小，只需比较一下它们各自的顾客数的分布参数.

4.1.2 连续型随机变量的数学期望

对于连续型随机变量的数学期望，类似于离散型随机变量的，我们给出如下定义.

定义 4.2 设连续型随机变量 X 的概率密度为 $f(x)$，若积分 $\displaystyle\int_{-\infty}^{+\infty} |x| f(x)\,\mathrm{d}x$ 收敛，即 $\displaystyle\int_{-\infty}^{+\infty} |x| f(x)\,\mathrm{d}x < \infty$，则称积分 $\displaystyle\int_{-\infty}^{+\infty} xf(x)\,\mathrm{d}x$ 的值为 X 的数学期望或均值，记作 $E(X)$，即

$$E(X) = \int_{-\infty}^{+\infty} xf(x)\,\mathrm{d}x,$$

若积分 $\displaystyle\int_{-\infty}^{+\infty} |x| f(x)\,\mathrm{d}x$ 发散，则 X 的数学期望不存在.

下面介绍几种重要的连续型分布的数学期望.

1. 均匀分布

设 $X \sim U(a,b)$，其概率密度为

$$f(x) = \begin{cases} \dfrac{1}{b-a}, & a < x < b, \\ 0, & \text{其他.} \end{cases}$$

则

$$E(X) = \int_{-\infty}^{+\infty} xf(x)\,\mathrm{d}x = \int_a^b \frac{x}{b-a}\,\mathrm{d}x = \frac{a+b}{2}.$$

可以看到，均匀分布 $U(a,b)$ 的数学期望恰是区间 (a,b) 的中点，这直观地表示了数学期望的意义.

2. 指数分布

设 $X \sim E(\lambda)$，其概率密度为

$$f(x) = \begin{cases} \lambda \mathrm{e}^{-\lambda x}, & x > 0, \\ 0, & x \leq 0 \end{cases} (\lambda > 0),$$

则

$$E(X) = \int_{-\infty}^{+\infty} xf(x)\,\mathrm{d}x = \int_0^{+\infty} x\lambda \mathrm{e}^{-\lambda x}\,\mathrm{d}x$$

$$= -x\mathrm{e}^{-\lambda x}\Big|_0^{+\infty} + \int_0^{+\infty} \mathrm{e}^{-\lambda x}\,\mathrm{d}x = -\frac{1}{\lambda}\mathrm{e}^{-\lambda x}\Big|_0^{+\infty} = \frac{1}{\lambda}.$$

3. 正态分布

设 $X \sim N(\mu, \sigma^2)$，其概率密度为

$$f(x) = \frac{1}{\sqrt{2\pi}\,\sigma}\mathrm{e}^{-\frac{(x-\mu)^2}{2\sigma^2}} \ (-\infty < x < \infty),$$

则

$$E(X) = \int_{-\infty}^{+\infty} xf(x)\,\mathrm{d}x = \int_{-\infty}^{+\infty} x\frac{1}{\sqrt{2\pi}\,\sigma}\mathrm{e}^{-\frac{(x-\mu)^2}{2\sigma^2}}\,\mathrm{d}x \xlongequal{\text{令}\, t = \frac{x-\mu}{\sigma}} \int_{-\infty}^{+\infty} (\mu + \sigma t)\frac{1}{\sqrt{2\pi}\,\sigma}\mathrm{e}^{-\frac{t^2}{2}}\sigma\,\mathrm{d}t$$

$$= \mu\int_{-\infty}^{+\infty} \frac{1}{\sqrt{2\pi}}\mathrm{e}^{-\frac{t^2}{2}}\,\mathrm{d}t + \frac{\sigma}{\sqrt{2\pi}}\int_{-\infty}^{+\infty} t\mathrm{e}^{-\frac{t^2}{2}}\,\mathrm{d}t = \mu \cdot 1 + \frac{\sigma}{\sqrt{2\pi}} \cdot 0$$

$$= \mu.$$

可见，正态分布 $N(\mu, \sigma^2)$ 中的参数 μ 恰好是它的数学期望.

■**例4.4**　（柯西分布）设随机变量 X 的概率密度函数为

$$f(x) = \frac{1}{\pi}\frac{1}{1+x^2}(-\infty < x < +\infty),$$

由于

$$\int_{-\infty}^{+\infty} |x| \frac{1}{\pi}\frac{1}{1+x^2}\mathrm{d}x = \infty,$$

所以 $E(X)$ 不存在.

4.1.3　随机变量函数的数学期望

在实际应用中经常遇到这样的问题：已知随机变量 X 的概率分布，要计算 X 的某个函数 $Y = g(X)$ 的数学期望. 通常的解法是先利用 X 的概率分布求出 Y 的概率分布，然后用数学期望的定义计算 $E(Y)$. 但我们知道，在许多情形下求 Y 的概率分布是比较麻烦的（尤其当 X 为连续型随机变量时），有没有比这更简便的方法呢？下面的定理将告诉我们这一方法.

随机变量函数的
数学期望

定理4.1　设随机变量 X 的函数 $Y = g(X)$ 是连续函数.

（1）若离散型随机变量 X 的分布律为 $P\{X = x_k\} = p_k(k = 1, 2, \cdots)$，且级数 $\sum\limits_{k=1}^{\infty} |g(x_k)| p_k$ 收敛，则

$$E(Y) = E[g(X)] = \sum_{k=1}^{\infty} g(x_k)p_k.$$

（2）若连续型随机变量 X 的概率密度为 $f(x)$，且 $\int_{-\infty}^{+\infty} |g(x)| f(x)\mathrm{d}x$ 收敛，则

$$E(Y) = E[g(X)] = \int_{-\infty}^{+\infty} g(x)f(x)\mathrm{d}x.$$

定理 4.1 指出，要计算 X 的某个函数 $Y = f(X)$ 的数学期望 $E(Y)$，不必知道 Y 的概率分布而只需知道 X 的概率分布就可以了.

定理4.2　设随机变量 (X, Y) 的函数 $Z = g(X, Y)$ 是连续函数.

（1）若离散型随机变量 (X, Y) 的分布律为 $P\{X = x_i, Y = y_j\} = p_{ij}(i, j = 1, 2, \cdots)$，且 $\sum\limits_{i=1}^{\infty} \sum\limits_{j=1}^{\infty} |g(x_i, y_j)| p_{ij}$ 收敛，则

$$E(Z) = E[g(X, Y)] = \sum_{i=1}^{\infty} \sum_{j=1}^{\infty} |g(x_i, y_j)| p_{ij}.$$

（2）若连续型随机变量 (X, Y) 的概率密度为 $f(x, y)$，且

$$\int_{-\infty}^{+\infty} \int_{-\infty}^{+\infty} |g(x, y)| f(x, y)\mathrm{d}x\mathrm{d}y$$

收敛，则

$$E(Z) = E[g(X, Y)] = \int_{-\infty}^{+\infty} \int_{-\infty}^{+\infty} g(x, y)f(x, y)\mathrm{d}x\mathrm{d}y.$$

定理 4.1、定理 4.2 的证明超出本书的讨论范围，证明过程从略.

▇例4.5 设随机变量 X 的概率分布为

X	-1	0	2	3
P	0.1	0.2	0.3	0.4

求 $Y=(X-1)^2$ 与 $Z=2|X|-3$ 的数学期望.

解 由题意,
$$E(Y)=E[(X-1)^2]=4×0.1+1×0.2+1×0.3+4×0.4=2.5,$$
$$E(Z)=E[2|X|-3]=(-1)×0.1+(-3)×0.2+1×0.3+3×0.4=0.8.$$

▇例4.6 设随机变量 $X\sim E(\lambda)$,求 $E(X^2)$.

解 由 $X\sim E(\lambda)$,知 X 的概率密度为

$$f(x)=\begin{cases}\lambda e^{-\lambda x}, & x>0,\\ 0, & x\leq 0,\end{cases}$$

则

$$E(X^2)=\int_{-\infty}^{+\infty}x^2 f(x)\,dx=\int_0^{+\infty}x^2\lambda e^{-\lambda x}\,dx=-\int_0^{+\infty}x^2\,de^{-\lambda x}$$

$$=-x^2 e^{-\lambda x}\Big|_0^{+\infty}+2\int_0^{+\infty}x e^{-\lambda x}\,dx=-\frac{2}{\lambda}\int_0^{+\infty}x\,de^{-\lambda x}$$

$$=-\frac{2}{\lambda}x e^{-\lambda x}\Big|_0^{+\infty}+\frac{2}{\lambda}\int_0^{+\infty}e^{-\lambda x}\,dx=\frac{2}{\lambda}\left(-\frac{1}{\lambda}e^{-\lambda x}\right)\Big|_0^{+\infty}$$

$$=\frac{2}{\lambda^2}.$$

▇例4.7 设随机变量 (X,Y) 的概率密度为

$$f(x,y)=\begin{cases}x+y, & 0\leq x\leq 1,0\leq y\leq 1,\\ 0, & \text{其他},\end{cases}$$

求 $Z=XY$ 的数学期望.

解 $z=g(x,y)=xy$,由定义得

$$E(Z)=E(XY)=\int_{-\infty}^{+\infty}\int_{-\infty}^{+\infty}g(x,y)f(x,y)\,dx\,dy$$

$$=\int_0^1\int_0^1 xy f(x,y)\,dx\,dy=\int_0^1\int_0^1 xy(x+y)\,dx\,dy$$

$$=\frac{1}{3}.$$

▇例4.8 假定国际市场上每年对我国某种出口商品的需求量 X(单位:吨)是随机变量,且服从 $(2000,4000)$ 上的均匀分布. 设每售出 1 吨这种商品,可为国家赚得 3 万美元外汇. 若商品未能售出,积压于库,则每吨需保管费 1 万美元. 问应组织多少商品,才能使平均收益最大?

解 依题意,X 的概率密度为

例4.8

$$f(x)=\begin{cases}\dfrac{1}{2000}, & 2000<x<4000,\\ 0, & \text{其他}.\end{cases}$$

设某年准备出口的此种商品量为 t(吨)($2000<t<4000$)，总收益为 Y(万美元)，则

$$Y=g(X)=\begin{cases}3t, & X\geqslant t,\\ 3X-(t-X), & X<t,\end{cases}$$

有

$$\begin{aligned}E(Y)&=\int_{-\infty}^{+\infty}g(x)f(x)\,\mathrm{d}x=\int_{2000}^{4000}g(x)\frac{1}{2000}\mathrm{d}x\\ &=\frac{1}{2000}\left[\int_{2000}^{t}(4x-t)\,\mathrm{d}x+\int_{t}^{4000}3t\mathrm{d}x\right]\\ &=\frac{1}{1000}(-t^2+7000t-4\times10^6).\end{aligned}$$

得到，当 $t=3500$ 时，$E(Y)$ 达到最大. 因此组织 3500 吨此种商品是最佳决策.

4.1.4　数学期望的性质

数学期望具有以下性质：

(1) c 为常数，则 $E(c)=c$；

(2) 设 X 为随机变量，c 为常数，则有 $E(cX)=cE(X)$；

(3) 设 X,Y 为任意两个随机变量，则 $E(X+Y)=E(X)+E(Y)$；

(4) 设 X 和 Y 为两个相互独立的随机变量，则有

$$E(XY)=E(X)E(Y),$$

这一性质可以推广到任意有限个相互独立的随机变量之积的情形，若 $X_1,X_2,\cdots,X_n$ 相互独立，则 $E(X_1X_2\cdots X_n)=E(X_1)E(X_2)\cdots E(X_n)$.

■ **例 4.9**　设 $X\sim B(n,p)$，求 $E(X)$.

解　设 $X_i=\begin{cases}1, & \text{第 }i\text{ 次伯努利试验中 }A\text{ 发生,}\\ 0, & \text{第 }i\text{ 次伯努利试验中 }A\text{ 不发生}\end{cases}$ $(i=1,2,\cdots,n)$，

而 $X_1,X_2,\cdots,X_n$ 独立同分布且均服从 0-1 分布 $B(n,p)$，$E(X_i)=p$.

根据题意有

$$X=\sum_{i=1}^{n}X_i,$$

根据数学期望的线性性质有

$$E(X)=E(\sum_{i=1}^{n}X_i)=\sum_{i=1}^{n}E(X_i)=np.$$

由此看出，求二项分布的数学期望时，利用数学期望的性质比直接用定义来做要简单得多.

习题 4.1

1. 设随机变量 X 的分布律为

X	-1	0	1	2
P	1/8	1/2	1/8	1/4

求 $E(X), E(X^2), E(2X+3)$.

2. 设随机变量 X 的概率密度为

$$f(x) = \begin{cases} x, & 0<x<1, \\ 2-x, & 1\leqslant x<2, \\ 0, & \text{其他,} \end{cases}$$

求 $E(X)$.

3. 设随机变量 X 的分布律为

X	-1	0	1
P	a	b	c

且已知 $E(X) = 0.1, E(X^2) = 0.9$，求 a,b,c.

4. 设随机变量 (X,Y) 的联合分布律为

X \ Y	0	1
0	0.3	0.2
1	0.4	0.1

求：$(1) E(X)$；$(2) E(Y)$；$(3) E(X-2Y)$.

5. 设随机变量 (X,Y) 的联合概率密度为

$$f(x,y) = \begin{cases} 2, & 0<y<x<1, \\ 0, & \text{其他,} \end{cases}$$

求：$(1) E(X)$；$(2) E(Y)$；$(3) E(XY)$.

6. 设某地每年因交通事故死亡的人数服从泊松分布. 据统计，在一年中因交通事故死亡一人的概率是死亡两人的概率的 $\dfrac{1}{2}$，求该地每年因交通事故死亡的平均人数.

7. 设随机变量 X 在区间 $(1,7)$ 上服从均匀分布，求 $P\{X^2 < E(X)\}$.

8. 设连续型随机变量 X 的概率密度为

$$f(x) = \begin{cases} ax^b, & 0<x<1, \\ 0, & \text{其他} \end{cases} \quad (a,b>0).$$

又知 $E(X) = 0.75$，求 a,b 的值.

9. 设随机变量 X 的分布函数为

$$F(x) = \begin{cases} 0, & x\leqslant 0, \\ \dfrac{x}{4}, & 0<x\leqslant 4 \\ 1, & x>4. \end{cases}$$

求：$(1) E(X)$；$(2) E(-2X+3)$.

10. 设随机变量 (X,Y) 的联合概率密度为

$$f(x,y)=\begin{cases} \mathrm{e}^{-(x+y)}, & x>0,y>0, \\ 0, & \text{其他.} \end{cases}$$

求：$(1)P(X<Y)$，$(2)E(XY)$.

11. 假设一部机器在一天内发生故障的概率为 0.2，机器发生故障时全天停止工作. 若一周 5 个工作日里无故障，可获利润 10 万元；发生 1 次故障仍可获利润 5 万元；发生 2 次故障所获利润 0 元；发生 3 次或 3 次以上故障就要亏损 2 万元. 求一周内期望利润是多少？

12. 设随机变量 X,Y,Z 相互独立，且 $E(X)=5,E(Y)=11,E(Z)=8$，设 $U=2X+3Y+1$，设 $V=YZ-4X$，求 $E(U),E(V)$.

4.2　方差

数学期望是描述随机变量取值的平均程度的数字特征，但在有些实际问题中，仅仅知道数学期望是不够的，还需要知道随机变量取值相对于数学期望的偏离程度. 为此，我们引入随机变量的另一个重要数字特征——方差.

4.2.1　方差的定义

定义 4.3　设 X 为一个随机变量，若数学期望 $E[X-E(X)]^2$ 存在，则称之为随机变量 X 的**方差**（variance），记作 $D(X)$，即

$$D(X)=E[X-E(X)]^2.$$

随机变量 X 的方差反映了随机变量的取值与其数学期望的集中或偏离程度. $D(X)$ 越小，则 X 的取值越集中；反之，$D(X)$ 越大，则 X 的取值越分散. 方差的大小反映了随机变量取值的稳定性.

方差的定义及其
计算

为使方差的量纲与 X 的量纲一致，我们使用方差的算术平方根 $\sqrt{D(X)}$ 来衡量随机变量 X 取值的偏离程度，称 $\sqrt{D(X)}$ 为**均方差**（mean square deviation）或**标准差**（standard deviation）.

显然，方差是随机变量的函数的数学期望，因此，计算方差时，若已知离散型随机变量 X 的概率分布为 $P\{X=x_k\}=p_k(k=1,2,\cdots)$，则

$$D(X)=\sum_{k=1}^{\infty}[x_k-E(X)]^2 p_k.$$

若已知连续型随机变量 X 的概率密度为 $f(x)$，则

$$D(X)=\int_{-\infty}^{+\infty}[x-E(X)]^2 f(x)\mathrm{d}x.$$

易见，随机变量的方差总是一个非负数，它是由随机变量的概率分布完全确定的. 因此，也可将随机变量的方差称为分布的方差.

根据数学期望的性质，

$$D(X)=E[X-E(X)]^2=E\{X^2-2XE(X)+[E(X)]^2\}$$
$$=E(X)^2-2E(X)E(X)+[E(X)]^2=E(X)^2-[E(X)]^2.$$

得到如下方差计算公式：

$$D(X)=E(X^2)-[E(X)]^2.$$

4.2.2 几个重要分布的方差

根据定义，容易求得以下几个重要分布的方差：

(1) 0-1 分布，即 $X \sim B(1,p)$，则 $D(X) = p(1-p)$；

(2) 二项分布，即 $X \sim B(n,p)$，则 $D(X) = np(1-p)$；

(3) 泊松分布，即 $X \sim P(\lambda)$，则 $D(X) = \lambda$；

(4) 均匀分布，即 $X \sim U(a,b)$，则 $D(X) = \dfrac{(b-a)^2}{12}$；

(5) 指数分布，即 $X \sim E(\lambda)$，则 $D(X) = \dfrac{1}{\lambda^2}$；

(6) 正态分布，即 $X \sim N(\mu,\sigma^2)$，则 $D(X) = \sigma^2$.

下面仅就均匀分布的方差进行推导，其余的留给读者作为练习.

我们知道，均匀分布的概率密度为

$$f(x) = \begin{cases} \dfrac{1}{b-a}, & a < x < b, \\ 0, & \text{其他}. \end{cases}$$

于是

$$E(X^2) = \int_{-\infty}^{+\infty} x^2 f(x)\, \mathrm{d}x = \int_a^b x^2 \frac{1}{b-a}\mathrm{d}x = \frac{1}{3}\frac{1}{b-a}x^3 \Big|_a^b = \frac{b^2 + ab + a^2}{3},$$

从而

$$D(X) = E(X^2) - [E(X)]^2 = \frac{b^2 + ab + a^2}{3} - \left(\frac{a+b}{2}\right)^2 = \frac{(b-a)^2}{12}.$$

至此，可以看到，以上几个重要分布中的参数，或者为分布的某种数字特征，或者与分布的某种数字特征存在一定的数量关系. 这样，对这些重要分布来说，一旦知道其数学期望和方差，该分布便会被唯一确定下来.

■**例 4.10** 设随机变量 X 服从参数为 λ 的泊松分布，并且已知 $E(X^2) = 2$，求 $P\{X < 4\}$.

解 因为 $X \sim P(\lambda)$，所以 $E(X) = D(X) = \lambda$，又因 $E(X^2) = 2$，而

$$E(X^2) = D(X) + [E(X)]^2 = \lambda + \lambda^2,$$

故有

$$\lambda + \lambda^2 = 2,$$

注意到 $\lambda > 0$，从而可得 $\lambda = 1$，于是

$$P\{X < 4\} = \sum_{k=0}^{3} \frac{1}{k!}\mathrm{e}^{-1} \xlongequal{\text{查表}} 0.981.$$

■**例 4.11** 设甲、乙两炮射击的弹着点与目标的距离分别为 X_1, X_2，并有如下分布律，问甲、乙两炮哪一个更精确？

X_1	80	85	90	95	100
P	0.2	0.2	0.2	0.2	0.2

X_2	85	87.5	90	95	92.5
P	0.2	0.2	0.2	0.2	0.2

解　$E(X_1)=90$，$E(X_2)=90$，

由此看出，甲、乙两炮的期望值相同.

$$D(X_1)=(80-90)^2\times0.2+(85-90)^2\times0.2+(90-90)^2\times0.2+$$
$$(95-90)^2\times0.2+(100-90)^2\times0.2=50,$$
$$D(X_2)=(85-90)^2\times0.2+(87.5-90)^2\times0.2+(90-90)^2\times0.2+$$
$$(95-90)^2\times0.2+(92.5-90)^2\times0.2=12.5,$$

因为 $D(X_2)$ 更小，乙炮的弹着点的离散程度较小，所以乙炮较甲炮更精确.

4.2.3　方差的性质

方差具有以下性质：

（1）设 c 为常数，$D(c)=0$；

（2）设 X 为随机变量，a,b 为常数，则 $D(aX+b)=a^2D(X)$；

（3）设 X 与 Y 相互独立，则 $D(X\pm Y)=D(X)+D(Y)$；

（4）$D(X)=0$ 的充要条件是随机变量取常数 c 的概率为 1，即 $P\{X=c\}=1$.

■**例 4.12**　随机变量 $X_1,X_2,\cdots,X_n$ 相互独立，且 $X_i\sim N(\mu_i,\sigma_i^2)$，证明：随机变量 $\sum\limits_{i=1}^{n}c_iX_i$

$\sim N(\mu,\sigma^2)$，其中 $\mu=\sum\limits_{i=1}^{n}c_i\mu_i$，$\sigma^2=\sum\limits_{i=1}^{n}c_i^2\sigma_i^2$（$c_i$ 为常数，$i=1,2,\cdots,n$）.

证明　由正态分布的随机变量的线性组合仍服从正态分布，得

$$E\Big(\sum_{i=1}^{n}c_iX_i\Big)=\sum_{i=1}^{n}c_iE(X_i)=\sum_{i=1}^{n}c_i\mu_i=\mu,$$
$$D\Big(\sum_{i=1}^{n}c_iX_i\Big)=\sum_{i=1}^{n}D(c_iX_i)=\sum_{i=1}^{n}c_i^2\sigma_i^2=\sigma^2,$$

所以

$$\sum_{i=1}^{n}c_iX_i\sim N(\mu,\sigma^2).$$

证毕.

■**例 4.13**　设随机变量 X 的数学期望 $E(X)$ 及方差 $D(X)$ 都存在，且 $D(X)>0$，令 $X^*=\dfrac{X-E(X)}{\sqrt{D(X)}}$，求 $E(X^*)$ 与 $D(X^*)$.

解　由数学期望及方差的性质，有

$$E(X^*)=\Big(\frac{X-E(X)}{\sqrt{D(X)}}\Big)=\frac{1}{\sqrt{D(X)}}E[X-E(X)]$$
$$=\frac{1}{\sqrt{D(X)}}[E(X)-E(X)]=0,$$
$$D(X^*)=D\Big(\frac{X-E(X)}{\sqrt{D(X)}}\Big)=\frac{1}{[\sqrt{D(X)}]^2}D[X-E(X)]=\frac{D(X)}{D(X)}=1.$$

通常称随机变量 $X^* = \dfrac{X - E(X)}{\sqrt{D(X)}}$ 为 X 的**标准化随机变量**.

■**例 4.14**　设维随机变量 (X, Y) 的概率密度为

$$f(x, y) = \begin{cases} \dfrac{1}{\pi}, & x^2 + y^2 \leqslant 1, \\ 0, & \text{其他}, \end{cases}$$

求：$E(X), E(Y), E(XY), D(X)$.

解　$E(X) = \displaystyle\int_{-\infty}^{+\infty}\int_{-\infty}^{+\infty} xf(x, y)\,\mathrm{d}x\mathrm{d}y = \iint\limits_{x^2+y^2\leqslant 1} \dfrac{x}{\pi}\mathrm{d}x\mathrm{d}y = \dfrac{1}{\pi}\int_{-1}^{1}\mathrm{d}y\int_{-\sqrt{1-y^2}}^{\sqrt{1-y^2}} x\,\mathrm{d}x = 0,$

同理,

$$E(Y) = \int_{-\infty}^{+\infty}\int_{-\infty}^{+\infty} yf(x, y)\,\mathrm{d}x\mathrm{d}y = \iint\limits_{x^2+y^2\leqslant 1} \dfrac{y}{\pi}\mathrm{d}x\mathrm{d}y = \dfrac{1}{\pi}\int_{-1}^{1}\mathrm{d}x\int_{-\sqrt{1-x^2}}^{\sqrt{1-x^2}} y\,\mathrm{d}y = 0,$$

$$E(XY) = \int_{-\infty}^{+\infty}\int_{-\infty}^{+\infty} xyf(x, y)\,\mathrm{d}x\mathrm{d}y = \iint\limits_{x^2+y^2\leqslant 1} \dfrac{xy}{\pi}\mathrm{d}x\mathrm{d}y = 0,$$

又

$$\begin{aligned} E(X^2) &= \int_{-\infty}^{+\infty}\int_{-\infty}^{+\infty} x^2 f(x, y)\,\mathrm{d}x\mathrm{d}y = \dfrac{1}{\pi}\iint\limits_{x^2+y^2\leqslant 1} x^2\,\mathrm{d}x\mathrm{d}y \\ &= \dfrac{1}{\pi}\int_{-1}^{1}\mathrm{d}y\int_{-\sqrt{1-y^2}}^{\sqrt{1-y^2}} x^2\,\mathrm{d}y = \dfrac{2}{\pi}\int_{-1}^{1}\mathrm{d}y\int_{0}^{\sqrt{1-y^2}} x^2\,\mathrm{d}y \\ &= \dfrac{2}{3\pi}\int_{-1}^{1}(1 - y^2)\sqrt{1 - y^2}\,\mathrm{d}y \\ &\xlongequal{y = \sin t} \dfrac{2}{3\pi}\int_{-\frac{\pi}{2}}^{\frac{\pi}{2}} \cos^4 t\,\mathrm{d}t = \dfrac{1}{4}, \end{aligned}$$

所以

$$D(X) = E(X^2) - (EX)^2 = \dfrac{1}{4}.$$

习题 4.2

1. 设离散型随机变量 X 的分布律为 $P\{X = 0\} = 0.2, P\{X = 1\} = 0.5, P\{X = 2\} = 0.3$，求方差 $D(X)$.

2. 设 X 的分布函数为 $F(x) = \begin{cases} \dfrac{1}{2}\mathrm{e}^x, & x < 0, \\ \dfrac{1}{2}, & 0 \leqslant x < 1, \\ 1 - \dfrac{1}{2}\mathrm{e}^{-(x-1)}, & x \geqslant 1, \end{cases}$　求 $E(X), D(X)$.

3. 设随机变量 X, Y 相互独立，且 $X \sim E(0.5), Y \sim P(9)$ 求 $D(X - 2Y + 1)$.

4. 设 X 表示 10 次独立重复射击命中目标的次数, 每次命中目标的概率为 0.4, 试求 $E(X^2)$.

5. 某商店经销商品的利润率 X 的概率密度为 $f(x) = \begin{cases} 2(1-x), & 0 < x < 1, \\ 0, & \text{其他}, \end{cases}$ 求 $E(X), D(X)$.

6. 设随机变量 X 满足 $E(X) = D(X) = \lambda$, 已知 $E[(X-1)(X-2)] = 1$, 求 λ.

7. 已知 $E(X) = -2, E(X^2) = 5$, 求 $D(1-3X)$.

8. 设 $P\{X=0\} = 1 - P\{X=1\}$, 若 $E(X) = 3D(X)$, 求 $P\{X=0\}$.

9. 设随机变量 X 的概率密度为

$$f(x) = \begin{cases} kx^a, & 0 < x < 1, \\ 0, & \text{其他}, \end{cases} \quad (k > 0, a > 0),$$

且 $E(X) = 0.75$, 求:

(1) 常数 k, a 的值;

(2) 设 Z 表示对 X 的 4 次独立重复观测中事件 $\left\{ X < \dfrac{1}{2} \right\}$ 发生的次数, 求 $E(Z^2)$.

10. 设随机变量 X 的分布函数为 $F(x) = 1 - e^{-x^2}, x > 0$, 试求 $E(X), D(X)$.

习题 4.2 第 10 题

11. 设随机变量 X 的概率密度为

$$f(x) = \begin{cases} ax^2 + bx + c, & 0 < x < 1, \\ 0, & \text{其他}, \end{cases}$$

且 $E(X) = 0.5, D(X) = 0.15$, 求常数 a, b, c 的值.

12. 设随机变量 X 的概率密度为 $f(x) = \begin{cases} kx, & 0 \leqslant x < 1, \\ 2-x, & 1 \leqslant x \leqslant 2, \\ 0, & \text{其他}, \end{cases}$

求: (1) 常数 k 的值; (2) $E\left(\dfrac{1}{X+1} \right)$; (3) $D(X)$.

13. 设随机变量 X 的概率密度为

$$f(x) = \begin{cases} ax + bx^2, & 0 < x < 1, \\ 0, & \text{其他}, \end{cases}$$

若 $E(X) = 0.5$, 求 $D(X)$.

4.3 协方差和相关系数

4.3.1 协方差

对于二维随机变量 (X, Y) 来说, X 和 Y 的数学期望和方差只是反映 X 和 Y 自身的统计特征, 并没有对 X 和 Y 之间的联系提供任何信息. 我们自然希望能定义某一指标, 亦即用以反映 X 和 Y 之间相互关联程度的一个特征数, 由方差的性质 (2) 的推导过程可知:

$$E\{[X-E(X)][Y-E(Y)]\} = E(XY) - E(X)E(Y) \neq 0,$$

则 X 与 Y 不独立, 这说明 $E\{[X-E(X)][Y-E(Y)]\}$ 的数值在一定程度上反映了 X 与 Y 相互间的联系. 因此, $E\{[X-E(X)][Y-E(Y)]\}$ 可以用来描述 X 与 Y 之间的关系. 其定义如下:

定义 4.4 设 (X,Y) 是一个二维随机变量，若 $E\{[X-E(X)][Y-E(Y)]\}$ 存在，则称之为随机变量 X 与 Y 的**协方差**(covariance)，记为 $\mathrm{Cov}(X,Y)$，即

$$\mathrm{Cov}(X,Y)=E\{[X-E(X)][Y-E(Y)]\}.$$

计算 X 与 Y 的协方差时，由上式可以得到简化的计算公式：

$$\mathrm{Cov}(X,Y)=E(XY)-E(X)E(Y).$$

协方差具有如下性质：

(1) $\mathrm{Cov}(X,X)=D(X)$；

(2) $\mathrm{Cov}(X,Y)=\mathrm{Cov}(Y,X)$；

(3) $\mathrm{Cov}(aX,bY)=ab\mathrm{Cov}(X,Y)$ （a,b 为常数）；

(4) $\mathrm{Cov}(X_1+X_2,Y)=\mathrm{Cov}(X_1,Y)+\mathrm{Cov}(X_2,Y)$.

协方差的定义及其计算

定义 4.5 对于方差非零的两个随机变量 X 与 Y 满足 $\mathrm{Cov}(X,Y)=0$，则称随机变量 X 与 Y 不相关.

若 X 与 Y 相互独立，则 X 与 Y 不相关. 反之未必成立.

■**例 4.15** 在例 4.14 中，X 与 Y 是否不相关？是否相互独立？

解 由例 4.14 结果知，$E(XY)=E(X)=E(Y)=0$，

故 $$\mathrm{Cov}(X,Y)=E(XY)-E(X)E(Y)=0,$$

所以 X 与 Y 不相关.

相互独立与不相关的关系

下面考察 X 与 Y 是否相互独立.

X 与 Y 各自的边缘密度为

$$f_X(x)=\int_{-\infty}^{+\infty}f(x,y)\mathrm{d}y=\begin{cases}\dfrac{2}{\pi}, & |x|\leqslant 1,\\ 0, & \text{其他};\end{cases} \qquad f_Y(y)=\int_{-\infty}^{+\infty}f(x,y)\mathrm{d}x=\begin{cases}\dfrac{2}{\pi}, & |y|\leqslant 1,\\ 0, & \text{其他};\end{cases}$$

$$f_X(x)f_Y(y)=\begin{cases}\dfrac{4}{\pi^2}\sqrt{1-x^2}\sqrt{1-y^2}, & |x|\leqslant 1, |y|\leqslant 1,\\ 0, & \text{其他}.\end{cases}$$

因此 $f_X(x)f_Y(y)\neq f(x,y)$，即 X 与 Y 不相互独立.

由性质(3)我们可知，两个随机变量 X 与 Y 协方差的大小受到 X 与 Y 取值大小的影响. 例如，若 X 与 Y 各自增加到原来的 k 倍，这时 X 与 Y 间的相互关系没有变，而反映其相互关系的协方差却增加到原来的 k^2 倍($\mathrm{Cov}(kX,kY)=k^2\mathrm{Cov}(X,Y)$). 为了消除这种影响，我们将引入相关系数的概念.

4.3.2 相关系数

定义 4.6 若 (X,Y) 为二维随机变量，$\mathrm{Cov}(X,Y)$ 存在且 $D(X)>0,D(Y)>0$，则

$$\rho_{XY}=\frac{\mathrm{Cov}(X,Y)}{\sqrt{D(X)}\sqrt{D(Y)}}$$

称为随机变量 X 与 Y 的**相关系数**(correlation coefficient)或标准协方差.

显然，相关系数是一个无量纲的量，它反映了随机变量 X 与 Y 之间的相关程度.

若 X^*、Y^* 分别是随机变量 X、Y 的标准化随机变量，即

$$X^*=\frac{X-E(X)}{\sqrt{D(X)}}, \quad Y^*=\frac{Y-E(Y)}{\sqrt{D(Y)}}$$

由例 4.13 可知 $E(X^*)=0, E(Y^*)=0$,

则

$$
\begin{aligned}
\mathrm{Cov}(X^*, Y^*) = E(X^* Y^*) &= E\left[\frac{(X-E(X))}{\sqrt{D(X)}} \frac{(Y-E(Y))}{\sqrt{D(Y)}}\right] \\
&= \frac{E\{[X-E(X)][Y-E(Y)]\}}{\sqrt{D(X)}\sqrt{D(Y)}} \\
&= \frac{\mathrm{Cov}(X,Y)}{\sqrt{D(X)}\sqrt{D(Y)}} \\
&= \rho_{XY},
\end{aligned}
$$

即形式上可以将相关系数视为标准化随机变量的协方差.

相关系数的性质如下：

（1）$|\rho_{XY}| \leqslant 1$；

（2）$|\rho_{XY}| = 1$ 的充要条件是存在常数 a 和 $b(a \neq 0)$，使 $P\{Y = aX + b\} = 1$.

证明略.

相关系数 ρ_{XY} 描述了随机变量 X 与 Y 之间的线性相关程度，因此也称其为"线性相关系数". 对该性质的理解说明如下.

若 $\rho_{XY} = 0$，则 X 与 Y 不相关；不相关是指 X 与 Y 之间没有线性关系，但 X 与 Y 之间可能还有其他的函数关系，如平方关系、对数关系等.

若 $\rho_{XY} = 1$，则称 X 与 Y 完全正相关.

若 $\rho_{XY} = -1$，则称 X 与 Y 完全负相关.

若 $0 < |\rho_{XY}| < 1$，则称 X 与 Y 有"一定程度"的线性关系. $|\rho_{XY}|$ 越接近 1，则线性相关程度越高；$|\rho_{XY}|$ 越接近 0，则线性相关程度越低.

（3）对方差非零的随机变量 X 与 Y，下列事实是等价的：

① $\mathrm{Cov}(X,Y) = 0$；

② $\rho_{XY} = 0$；

③ $E(XY) = E(X)E(Y)$；

④ $D(X+Y) = D(X) + D(Y)$.

特别地，二维正态分布的随机变量的不相关与相互独立等价，我们不加证明地给出这个关于二维正态分布的重要定理.

定理 4.3　若二维随机变量 $(X,Y) \sim N(\mu_1, \mu_2, \sigma_1^2, \sigma_2^2, \rho)$，则：

（1）X 与 Y 的相关系数 $\rho_{XY} = \rho$；

（2）X 与 Y 相互独立的充要条件是 X 与 Y 不相关.

定理 4.3 表明：

（1）二维正态随机变量 (X,Y) 的概率密度中的参数 ρ 就是 X 与 Y 的相关系数，可见二维正态随机变量 (X,Y) 的分布完全可由 X，Y 的各自的数学期望、方差以及它们的相关系数所确定；

（2）当 (X,Y) 是二维正态随机变量时，X 与 Y 不相关和 X 与 Y 相互独立是等价的.

例 4.16 已知随机变量 X 和 Y 分别服从正态分布 $N(1,3^2)$ 和 $N(0,4^2)$，$\rho_{XY}=-\dfrac{1}{2}$ 表示 X 与 Y 的相关系数，设 $Z=\dfrac{X}{3}+\dfrac{Y}{2}$. 求：

(1) Z 的数学期望和方差；

(2) X 与 Z 的相关系数.

解 由题设知 $E(X)=1,D(X)=3^2,E(Y)=0,D(Y)=4^2$.

(1) $E(Z)=E\left(\dfrac{X}{3}+\dfrac{Y}{2}\right)=\dfrac{1}{3}E(X)+\dfrac{1}{2}E(Y)=\dfrac{1}{3}\times1+\dfrac{1}{2}\times0=\dfrac{1}{3}$,

$$D(Z)=D\left(\dfrac{X}{3}+\dfrac{Y}{2}\right)=\dfrac{1}{3^2}D(X)+\dfrac{1}{2^2}D(Y)+2\mathrm{Cov}\left(\dfrac{X}{3},\dfrac{Y}{2}\right)$$

$$=\dfrac{3^2}{9}+\dfrac{4^2}{4}+2\rho_{XY}\sqrt{D\left(\dfrac{X}{3}\right)}\sqrt{D\left(\dfrac{Y}{2}\right)}$$

$$=1+4+2\left(-\dfrac{1}{2}\right)\sqrt{\dfrac{3^2}{9}}\sqrt{\dfrac{4^2}{4}}$$

$$=5-2$$

$$=3.$$

(2) 因

$$\mathrm{Cov}(X,Z)=\mathrm{Cov}\left(X,\dfrac{X}{3}+\dfrac{Y}{2}\right)=\dfrac{1}{3}\mathrm{Cov}(X,X)+\dfrac{1}{2}\mathrm{Cov}(X,Y)$$

$$=\dfrac{1}{3}DX+\dfrac{1}{2}\rho_{XY}\sqrt{D(X)}\sqrt{D(Y)}=\dfrac{3^2}{3}+\dfrac{1}{2}\times\left(-\dfrac{1}{2}\right)\times3\times4$$

$$=0,$$

故 $\rho_{XZ}=0$.

习题 4.3

1. 设二维随机变量 (X,Y) 的联合分布律为

X＼Y	−1	0	1
0	0.07	0.18	0.15
1	0.08	0.32	0.20

试求 X^2 与 Y^2 的协方差.

2. 将一枚硬币重复掷 n 次，以 X 与 Y 表示正面向上和反面向上的次数，试求 X 与 Y 的协方差和相关系数.

3. 设随机变量 X 与 Y 独立同分布，均服从参数为 λ 的泊松分布，令 $U=2X+Y,V=2X-Y$，求 U 与 V 的相关系数.

4. 设二维随机变量 (X,Y) 在矩形区域 $G=\{(X,Y):0\leqslant x\leqslant 2,0\leqslant y\leqslant 1\}$ 上服从均匀分布，记

$$U=\begin{cases}0, & X\leqslant Y,\\ 1, & X>Y,\end{cases}\quad V=\begin{cases}0, & X\leqslant 2Y,\\ 1, & X>2Y,\end{cases}$$

求：(1) U 与 V 的联合分布；(2) U 与 V 的相关系数.

5. 某箱装有 100 件产品，其中一等品、二等品和三等品分别为 80 件、10 件和 10 件，现从中随机抽取一件，记 $X_i=\begin{cases}1, & 抽到\ i\ 等品,\\ 0, & 其他\end{cases}$ $(i=1,2,3)$，试求：(1) X_1 与 X_2 的联合分布；(2) X_1 与 X_2 的相关系数.

6. 设二维随机变量 X 与 Y 在以 $(0,0),(0,1),(1,0)$ 为顶点的三角形区域上服从均匀分布，求：(1) $\text{Cov}(X,Y),\rho_{XY}$ 并判断 X 与 Y 的相关性；(2) $D(X+Y)$.

4.4　其他数字特征

4.4.1　矩

数学期望和方差是随机变量最常用的数字特征. 此外，随机变量的 k 阶矩是比数学期望和方差更广的一类数字特征，它们在数理统计中有较多应用.

定义 4.7　设 X 与 Y 为随机变量，对于正整数 k,l，若 X^k 的数学期望 $E(X^k)$ 存在，则称

$$\mu_k=E(X^k)$$

为随机变量 X 的 k 阶原点矩.

进一步地，若 $(X-E(X))^k$ 的数学期望 $E(X-E(X))^k$ 存在，则称

$$v_k=E[X-E(X)]^k$$

为随机变量 X 的 k 阶中心矩.

若 $E(X^kY^l)$ 存在，称 $E(X^kY^l)$ 为随机变量 X 与 Y 的 $k+l$ 阶混合原点矩.

若 $E\{[X-E(X)]^k[Y-E(Y)]^l\}$ 存在，称 $E\{[X-E(X)]^k[Y-E(Y)]^l\}$ 为随机变量 X 与 Y 的 $k+l$ 阶混合中心矩.

显然，一阶原点矩就是数学期望，二阶中心矩就是方差，一阶中心矩恒为零，即

$$E[X-E(X)]=0.$$

中心矩和原点矩之间存在如下关系：

$$v_k=E(X-E(X))^k=E(X-\mu_1)^k=\sum_{i=0}^{k}\text{C}_k^i\mu_i(-\mu_1)^{k-i},$$

前 4 阶中心矩可分别表示为：

$$v_1=0,v_2=\mu_2-\mu_1^2,v_3=\mu_3-3\mu_2\mu_1+2\mu_1^3,v_4=\mu_4-4\mu_3\mu_1+6\mu_2\mu_1^2-3\mu_1^4.$$

4.4.2　分位数和中位数

定义 4.8　设连续型随机变量 X 的分布函数为 $F(x)$，概率密度为 $f(x)$，对任意

$$p\in(0,1),$$

称满足条件

$$F(x_p) = \int_{-\infty}^{x_p} f(x)\,\mathrm{d}x = p$$

的 x_p 为此分布的 p 分位数，又称下侧 p 分位数.

同理，对任意 $p \in (0,1)$，称满足条件

$$1 - F(x_p) = \int_{x_p}^{+\infty} f(x)\,\mathrm{d}x = p$$

的 x_p 为此分布的 p 分位数，又称上侧 p 分位数.

定义 4.9　设连续型随机变量 X 的分布函数为 $F(x)$，概率密度为 $f(x)$，称 $p=0.5$ 时的 p 分位数 $x_{0.5}$ 为此分布的**中位数**，即 $x_{0.5}$ 满足

$$F(x_{0.5}) = \int_{-\infty}^{x_{0.5}} f(x)\,\mathrm{d}x = 0.5.$$

习题 4.4

1. 设随机变量 $X \sim N(0, \sigma^2)$，对 $k=1,2,3,4$，试求 $\mu_k = E(X^k)$，$v_k = E[X-E(X)]^k$.

2. 设随机变量 $X \sim N(10, 9)$，试求分位数 $x_{0.1}$，$x_{0.9}$.

3. 某城市电话的通话时间 X（以 min 计）服从数学期望 $E(X)=2$ 的指数分布，该分布的中位数 $x_{0.5}$ 是方程 $1 - \mathrm{e}^{-\lambda x} = \dfrac{1}{2}$ 的解，求此分布的 $x_{0.5}$（$\ln 2 \approx 0.6931$）.

4. 某厂决定根据过去生产状况对月生产额最高的 5 % 的工人发放高产奖. 已知过去每人每月生产额 X（单位：kg）服从正态分布 $N(4000, 60^2)$，试问高产奖发放标准应把生产额定为多少？

 阅读材料

相关系数

　　相关表和相关图可反映两个变量之间的相互关系及其相关方向，但无法确切地表明两个变量之间相关的程度. 于是，著名统计学家卡尔·皮尔逊设计了统计指标——相关系数. 相关系数是用以反映变量之间相关关系密切程度的统计指标. 相关系数按积差方法计算，以两变量与各自数学期望的离差为基础，通过两个离差相乘来反映两变量之间相关程度；着重研究线性的单相关系数.

　　依据相关现象之间的不同特征，其统计指标的名称有所不同. 如将反映两变量间线性相关关系的统计指标称为相关系数（将相关系数的平方称为判定系数）；将反映两变量间曲线相关关系的统计指标称为非线性相关系数、非线性判定系数；将反映多元线性相关关系的统计指标称为复相关系数、复判定系数等.

第 4 章总习题

一、填空题

1. 设随机变量 $X \sim B(3, p)$ 且 $P(X<1) = \dfrac{1}{27}$，则 $E(X-1) = $ _____.

2. (2012)将长度为 1m 的木棒随机地截成两段，两段长度的相关系数为 _____.

3. 设随机变量 X 服从 $[-1,2]$ 上的均匀分布，且 $Y=\begin{cases}1,&X>0,\\0,&X=0,\\-1,&X<0,\end{cases}$ 则 $D(Y)=$ _____.

4. (2013)设随机变量 $X\sim N(0,1)$，则 $E(X\mathrm{e}^{2X})=$ _____.

5. (2011)设二维随机变量 (X,Y) 服从正态分布 $N(\mu,\mu;\sigma^2,\sigma^2;0)$，则 $E(XY^2)=$ _____.

二、选择题

6. 若随机变量 X 服从二项分布 $B(n,p)$，且 $E(X)=2.4,D(X)=1.44$，则参数 n,p 的值为（　　）.

A. $n=4,p=0.6$　　 B. $n=6,p=0.4$　　 C. $n=8,p=0.3$　　 D. $n=24,p=0.1$

7. 若随机变量 X 的数学期望为 $E(X)$，则必有（　　）.

A. $E(X^2)=(E(X))^2$　　　　　　 B. $E(X^2)\geq(E(X))^2$

C. $E(X^2)\leq(E(X))^2$　　　　　　 D. $E(X^2)+(E(X))^2=1$

8. 设随机变量 X 服从泊松分布，且 $D(X+3)=2$，则 $P\{X=0\}=$（　　）.

A. 0　　　　 B. $2\mathrm{e}^{-2}$　　　　 C. e^{-2}　　　　 D. $\dfrac{1}{2}$

9. 设随机变量 X 的概率密度为 $\varphi(x)=\dfrac{1}{2\sqrt{\pi}}\mathrm{e}^{-\frac{x^2}{4}}(-\infty<x<+\infty)$，则 $D(2-X)=$（　　）.

A. 2　　　　 B. -2　　　　 C. -4　　　　 D. 4

10. 对任意两个随机变量 X 和 Y，若 $E(XY)=E(X)E(Y)$，则（　　）.

A. $D(XY)=D(X)D(Y)$　　　　　　 B. $D(X+Y)=D(X)+D(Y)$

C. X 和 Y 独立　　　　　　 D. X 和 Y 不独立

三、计算题

11. 设随机变量 X 服从拉普拉斯分布，其概率密度为
$$f(x)=A\mathrm{e}^{-\lambda|x|},\quad -\infty<x<+\infty,\lambda>0$$
求常数 A 及 $E(X),D(X)$.

12. 设 (X,Y) 的联合概率分布为

X \ Y	-1	0	1
0	0.1	0.2	0.1
1	0.2	0.3	0.1

求 $E(X),E(Y),D(X),D(Y),\mathrm{Cov}(X,Y)$ 及相关系数 ρ_{XY}.

13. 设二维随机变量 (X,Y) 的联合概率密度为
$$f(x,y)=\begin{cases}\dfrac{1}{8}(x+y),&0\leq x\leq2,0\leq y\leq2,\\0,&其他,\end{cases}$$
求 $E(X),E(Y),\mathrm{Cov}(X,Y),\rho_{XY},D(X+Y)$.

14. 已知随机变量 X 的概率密度为

$$f(x) = \begin{cases} \mathrm{e}^{-x}, & x>0, \\ 0, & x \leqslant 0, \end{cases}$$

(1) 设 $Y = 2X+1$，求 $E(Y)$，$D(Y)$.

(2) 设 $Z = \mathrm{e}^{-2X}$，求 $E(Z)$，$D(Z)$.

15. 设二维随机变量 (X,Y) 的联合概率密度为

$$f(x,y) = \begin{cases} \dfrac{1}{4}\left[1+xy(x^2-y^2)\right], & |x|<1, |y|<1, \\ 0, & 其他, \end{cases}$$

试问 X 与 Y 是否相互独立？是否不相关？

16. 设某公共汽车站在 5 min 内的等车人数 X 服从泊松分布，且由统计数据知，5 min 内的平均等车人数为 6 人，求 $P\{X>D(X)\}$.

5

第 5 章
大数定律与中心极限定理

　　大数定律与中心极限定理是概率论的基本理论，它们在理论研究和实际应用中起着重要的作用. 大数定律是借助"依概率收敛"的概念讨论大量随机现象的平均值稳定性的定理，中心极限定理则论证了大量随机变量之和的分布逼近于正态分布.

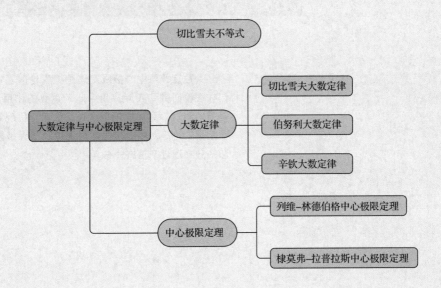

5.1　大数定律

第 1 章曾经讲过, 随机事件在某次试验中带有偶然性, 可能发生也可能不发生, 但是在大量的重复试验中却呈现出明显的规律性, 即随机事件发生的频率趋于某个固定的常数附近. 那么能否用严格的数学语言描述这种"稳定性"呢? 在大量的随机现象中, 不仅发现随机事件的频率具有稳定性, 还发现大量随机现象的平均结果也具有稳定性. 本节介绍的大数定律从理论上对频率的稳定性加以阐述. 在引入大数定律之前, 首先要证明一个很重要的不等式.

5.1.1　切比雪夫不等式

定理 5.1　设随机变量 X 的数学期望 $E(X)=\mu$, 方差 $D(X)=\sigma^2$, 则对任意 $\varepsilon>0$, 下列不等式

$$P\{|X-\mu|\geqslant\varepsilon\}\leqslant\frac{\sigma^2}{\varepsilon^2}$$

或

$$P\{|X-\mu|<\varepsilon\}\geqslant 1-\frac{\sigma^2}{\varepsilon^2}$$

成立, 称上述两个式子为**切比雪夫不等式**.

下面仅就 X 为连续型随机变量的情形给予证明, X 为离散型随机变量情形的证明类似可得, 只须把积分号改成求和符号即可.

证明　设 X 的概率密度函数为 $f(x)$, 则

$$
\begin{aligned}
P\{|X-\mu|\geqslant\varepsilon\} &= \int_{|x-\mu|\geqslant\varepsilon} f(x)\,\mathrm{d}x \\
&\leqslant \int_{|x-\mu|\geqslant\varepsilon} \frac{(x-\mu)^2}{\varepsilon^2}f(x)\,\mathrm{d}x \\
&\leqslant \frac{1}{\varepsilon^2}\int_{-\infty}^{+\infty}(x-\mu)^2 f(x)\,\mathrm{d}x \\
&= \frac{D(X)}{\varepsilon^2}=\frac{\sigma^2}{\varepsilon^2}.
\end{aligned}
\tag{a}
$$

其中, 步骤(a)由定积分保序性可得, 证毕.

切比雪夫不等式直观的概率意义在于: 随机变量 X 与它的数学期望 $E(X)$ 的距离大于等于给定的正数 ε 的概率不大于 $\dfrac{D(X)}{\varepsilon^2}$, 或者该距离小于 ε 的概率不小于 $1-\dfrac{D(X)}{\varepsilon^2}$.

用切比雪夫不等式可以在随机变量的分布未知的情况下, 粗略地估计随机变量 X 落在以数学期望 μ 为中心的某个区间的概率的大小. 易知, X 的方差 σ^2 越小, X 落入 $(\mu-\varepsilon,\mu+\varepsilon)$ 的概率越大, 也就是说 X 的取值越集中在数学期望 μ 的附近, 这一结果使我们再次看到, 方差的概率意义在于, 它刻画了随机变量的取值与其数学期望的平均偏离程度的大小.

■**例 5.1** 设随机变量 X 的数学期望 $E(X) = \mu$，方差 $D(X) = \sigma^2$，试估计 $P\{|X-\mu| \geq 3\sigma\}$.

解 令 $\varepsilon = 3\sigma$，由切比雪夫不等式

$$P\{|X-\mu| \geq \varepsilon\} \leq \frac{\sigma^2}{\varepsilon^2},$$

有

$$P\{|X-\mu| \geq 3\sigma\} \leq \frac{\sigma^2}{(3\sigma)^2} = \frac{1}{9}.$$

■**例 5.2** 假设某电站供电网有 10000 盏电灯，夜晚每一盏灯开灯的概率都是 0.7，并且每一盏灯的开、关事件彼此独立，试用切比雪夫不等式估计夜晚同时开灯的盏数在 6800 ~ 7200 之间的概率.

解 令 X 表示夜晚同时开灯的盏数，则 $X \sim B(n,p)$，其中 $n = 10000, p = 0.7$，因此
$$E(X) = np = 7000, D(X) = np(1-p) = 2100.$$
由切比雪夫不等式可得
$$P\{6800 < X < 7200\} = P\{|X-7000| < 200\} \geq 1 - \frac{2100}{200^2} = 0.9475.$$

本例中如果用二项分布直接计算，这个概率近似为 0.99999. 可见切比雪夫不等式的估计值的精确度不高. 切比雪夫不等式的意义在于它的理论价值，它是证明大数定律的重要工具.

*5.1.2 大数定律

定义 5.1 设 $X_1, X_2, \cdots, X_n, \cdots$ 是一列随机变量，X 是一个随机变量，若对于任意给定的正数 ε，都有

$$\lim_{n \to \infty} P\{|X_n - X| < \varepsilon\} = 1$$

或

$$\lim_{n \to \infty} P\{|X_n - X| \geq \varepsilon\} = 0,$$

则称随机变量序列 $\{X_n\}$ 依概率收敛于 X，记作 $X_n \xrightarrow{P} X$.

注 （1）在定义 5.1 中，随机变量 X 也可以是一个常数；

（2）随机变量序列依概率收敛不同于微积分中数列或者函数列的收敛性；

（3）$\{X_n\}$ 依概率收敛于 X 指的是当 n 充分大时，有较大的概率保证 X_n 任意接近于 X，但是 X_n 仍然有可能与 X 相差很大.

定义 5.2 设 $X_1, X_2, \cdots, X_n, \cdots$ 是一列随机变量. 若对 $\forall n > 1$，都有 $X_1, X_2, \cdots, X_n, \cdots$ 相互独立，则称随机变量序列 $X_1, X_2, \cdots, X_n, \cdots$ 是一个独立随机变量序列.

定理 5.2 切比雪夫大数定律 设 $X_1, X_2, \cdots, X_n, \cdots$ 是相互独立的随机变量序列，它们的数学期望和方差都存在，且方差一致有界，即对于任意的 $i(i=1,2,\cdots)$，都有 $D(X_i) \leq C$，其中 C 是与 i 无关的常数，则对于任意给定的正数 ε，有

$$\lim_{n \to \infty} P\left\{ \left| \frac{1}{n}\sum_{i=1}^{n} X_i - \frac{1}{n}\sum_{i=1}^{n} E(X_i) \right| < \varepsilon \right\} = 1$$

或

$$\lim_{n \to \infty} P\left\{ \left| \frac{1}{n}\sum_{i=1}^{n} X_i - \frac{1}{n}\sum_{i=1}^{n} E(X_i) \right| \geq \varepsilon \right\} = 0.$$

证明　我们用切比雪夫不等式证明该定理. 记 $X = \dfrac{1}{n}\sum\limits_{i=1}^{n}X_i$，$E(X) = E\left(\dfrac{1}{n}\sum\limits_{i=1}^{n}X_i\right) = \dfrac{1}{n}\sum\limits_{i=1}^{n}E(X_i)$，因为随机变量 $X_1,\cdots,X_n,\cdots$ 相互独立，所以 $D(X) = D\left(\dfrac{1}{n}\sum\limits_{i=1}^{n}X_i\right) = \dfrac{1}{n^2}\sum\limits_{i=1}^{n}D(X_i) \leqslant \dfrac{1}{n^2}nC = \dfrac{C}{n}$，由切比雪夫不等式，对于 $\forall\varepsilon>0$，有

$$P\{\,|X-E(X)|<\varepsilon\} \geqslant 1-\dfrac{1}{\varepsilon^2}D(X),$$

即

$$1 \geqslant P\left\{\left|\dfrac{1}{n}\sum_{i=1}^{n}X_i - \dfrac{1}{n}\sum_{i=1}^{n}E(X_i)\right| < \varepsilon\right\} \geqslant 1 - \dfrac{1}{\varepsilon^2}D\left(\dfrac{1}{n}\sum_{i=1}^{n}X_i\right) \geqslant 1 - \dfrac{C}{n\varepsilon^2},$$

因此可得

$$\lim_{n\to\infty}P\left\{\left|\dfrac{1}{n}\sum_{i=1}^{n}X_i - \dfrac{1}{n}\sum_{i=1}^{n}E(X_i)\right| < \varepsilon\right\} = 1,$$

从而

$$\lim_{n\to\infty}P\left\{\left|\dfrac{1}{n}\sum_{i=1}^{n}X_i - \dfrac{1}{n}\sum_{i=1}^{n}E(X_i)\right| \geqslant \varepsilon\right\} = 0.$$

注　定理 5.2 表明，在所给条件下，尽管 n 个随机变量可以自有其分布，但只要 n 充分大，它们的算术平均值就不再为个别的 X_i 的分布所左右，而是较密集地取值于其算术平均值的数学期望附近. 这就是前面提到的较之频率的稳定性更为一般的、大量随机现象平均结果的稳定性.

定理 5.3　伯努利大数定律　设 n_A 是 n 重伯努利试验中事件 A 发生的次数，p 为每次试验中事件 A 发生的概率，则对于任意给定的正数 ε，有

$$\lim_{n\to\infty}P\left\{\left|\dfrac{n_A}{n}-p\right|<\varepsilon\right\} = 1$$

或

$$\lim_{n\to\infty}P\left\{\left|\dfrac{n_A}{n}-p\right| \geqslant \varepsilon\right\} = 0.$$

伯努利大数定律

证明　设

$$X_i = \begin{cases} 0, & \text{在第 } i \text{ 次试验中事件 } A \text{ 不发生,} \\ 1, & \text{在第 } i \text{ 次试验中事件 } A \text{ 发生} \end{cases} \quad (i=1,2,\cdots,n).$$

则 $\dfrac{1}{n}\sum\limits_{i=1}^{n}X_i = \dfrac{n_A}{n}$，由于 X_i 只依赖于第 i 次试验，而各次试验相互独立，于是 $X_1,X_2,\cdots X_n$ 相互独立；显然 X_i 均服从 0-1 分布，因此 $E(X_i)=p,D(X_i)=p(1-p)$，$\dfrac{1}{n}\sum\limits_{i=1}^{n}E(X_i)=p$，于是由定理 5.2 切比雪夫大数定律，有

$$\lim_{n\to\infty}P\left\{\left|\dfrac{1}{n}\sum_{i=1}^{n}X_i - \dfrac{1}{n}\sum_{i=1}^{n}E(X_i)\right| < \varepsilon\right\} = \lim_{n\to\infty}P\left\{\left|\dfrac{n_A}{n} - p\right| < \varepsilon\right\} = 1,$$

从而有 $\lim\limits_{n\to\infty}P\left\{\left|\dfrac{n_A}{n}-p\right| \geqslant \varepsilon\right\} = 0$. 证毕.

注 （1）伯努利大数定律是概率论上最早的一个大数定律，定理5.3表明，n 重伯努利试验中事件 A 发生的频率 $\dfrac{n_A}{n}$ 依概率收敛于事件 A 发生的概率 p，它以严格的数学形式阐述了频率具有稳定性的客观规律. 也就是说，当 n 充分大时，事件 A 发生的频率 $\dfrac{n_A}{n}$ 就会以接近于 1 的概率逼近其概率值 p. 在实际应用中，概率值 p 往往是未知的，基于此定理，当试验的次数较大时，我们可以用事件发生的频率近似地代替事件发生的概率.

（2）如果事件 A 发生的概率很小，则由伯努利大数定律我们可以预言：n（n 较大时）次重复试验中事件 A 发生的频率也是很小的. 例如，若 $P(A)=0.002$，则可以认为在 1000 次重复试验中，大约只能期望 A 发生 2 次. 因此可以说，"概率很小的事件在一次试验中几乎不可能发生"——**小概率原理**，这一原理无论在后面介绍的数理统计中还是在现实生活中都有重要的应用.

以上两个大数定律都是以切比雪夫不等式为基础来证明的，所以要求随机变量的方差存在，但是有些随机变量的方差未必存在，也即方差存在这个条件不是必须的，下面介绍的辛钦（Khinchin）大数定律就表明了这一点.

定理 5.4　辛钦大数定律　设随机变量序列 $X_1, X_2, \cdots, X_n, \cdots$ 相互独立且服从相同的分布，数学期望 $E(X_i)=\mu(i=1,2,\cdots)$，则对任意给定的正数 ε，有

$$\lim_{n\to\infty}P\left\{\left|\frac{1}{n}\sum_{i=1}^{n}X_i-\mu\right|<\varepsilon\right\}=1.$$

证明略.

辛钦大数定律表明：n 个独立同分布的随机变量的算术平均值 $\dfrac{1}{n}\sum\limits_{i=1}^{n}X_i$ 依概率收敛于随机变量的数学期望，这也意味着随着 n 的无限增大，$\dfrac{1}{n}\sum\limits_{i=1}^{n}X_i$ 将几乎变为一个常数.

辛钦大数定律使计算算术平均值的方法有了理论依据. 例如要测定某一物理量 m，在不变的条件下重复测量 n 次，得观测值 $X_1, X_2, \cdots, X_n$，计算实测值的算术平均值 $\dfrac{1}{n}\sum\limits_{i=1}^{n}X_i$，则由此定理知，当 n 足够大时，可作为 m 的近似值，且可以认为发生的误差是很小的. 这样的做法的优点是我们可以不必去管 X 的分布究竟如何，目的就是寻求数学期望.

辛钦大数定律作为大数定律重要的组成部分，在学科内同其他的大数定律有着密切的关系，并且在参数估计理论中起着理论基础的作用. 参数估计理论主要的思路和理论起点就是辛钦大数定律.

切比雪夫大数定律更具一般性，伯努利大数定律是辛钦大数定律的特殊情况，而辛钦大数定律有更广泛的适用性.

习题 5.1

1. 设 X 是掷一颗骰子所出现的点数，若给定 $\varepsilon=1,2$，实际计算 $P\{|X-E(X)|\geqslant\varepsilon\}$，并验证切比雪夫不等式成立.

2. 已知正常成人男性每升血液中的白细胞数(单位：个)平均是 7.3×10^9，标准差是 0.7×10^9. 试利用切比雪夫不等式估计每升血液中的白细胞数在 5.2×10^9 至 9.4×10^9 之间的概率的下界.

3. 将一颗骰子连续掷 4 次，点数总和记为 X，试估计 $P\{10 < X < 18\}$.

4. 某商店负责供应某地区 1000 人的某种商品，设该商品在一段时间内每人需用一件的概率为 0.6，并假设这段时间内各人购买与否彼此无关，问商店应准备多少这种商品才能以 99.7% 的概率保证该商品不脱销？

5. 随机变量序列 $X_1, X_2, \cdots, X_n, \cdots$ 相互独立同分布 $N(\mu, \sigma^2)$，当 n 充分大时，可否认为 $\sum\limits_{i=1}^{n} X_i$ 近似服从正态分布 $N(n\mu, n\sigma^2)$，为什么？

5.2　中心极限定理

前面所讨论的大数定律，是多个随机变量的平均值 $\dfrac{1}{n}\sum\limits_{i=1}^{n} X_i$ 的渐近性质. 而我们将讨论的中心极限定理(central limit theorem)是研究独立随机变量之和的极限分布为正态分布的一系列定理. 这些定理在较为一般的条件下证明了：无论随机变量 $X_1, X_2, \cdots, X_n, \cdots$ 服从什么分布，n 个随机变量的和 $\sum\limits_{i=1}^{n} X_i$

中心极限定理

在 $n \to \infty$ 时的极限分布是正态分布. 这类定理有很多推广的或一般化的形式，这里我们只不加证明地介绍其中在应用上较为普遍的两个定理.

定理 5.5　列维-林德伯格中心极限定理　设 $X_1, X_2, \cdots, X_n, \cdots$ 是一独立同分布随机变量序列，$E(X_i) = \mu, D(X_i) = \sigma^2 > 0 (i = 1, 2, \cdots)$，则对任意实数 x，有

$$\lim_{n \to \infty} P\left\{ \frac{\sum\limits_{i=1}^{n} X_i - n\mu}{\sqrt{n}\,\sigma} \leqslant x \right\} = \frac{1}{\sqrt{2\pi}} \int_{-\infty}^{x} \mathrm{e}^{-\frac{t^2}{2}} \mathrm{d}t = \Phi(x),$$

这里 $\Phi(x)$ 是标准正态分布函数.

定理 5.5 也称为**独立同分布的中心极限定理**.

证明略.

定理 5.5 表明：当 n 充分大时，n 个相互独立且同分布的随机变量之和近似服从正态分布，即 $\sum\limits_{i=1}^{n} X_i \overset{\text{近似}}{\sim} N(n\mu, n\sigma^2)$. 由于 $\sum\limits_{i=1}^{n} X_i$ 的均值为 $n\mu$，方差为 $n\sigma^2$，因此 $\dfrac{\sum\limits_{i=1}^{n} X_i - n\mu}{\sqrt{n}\,\sigma}$ 是 $\sum\limits_{i=1}^{n} X_i$ 的

标准化随机变量. 于是有，当 n 充分大时，$\dfrac{\sum\limits_{i=1}^{n} X_i - n\mu}{\sqrt{n}\,\sigma} \overset{\text{近似}}{\sim} N(0,1)$. 进一步地，$\dfrac{\dfrac{1}{n}\sum\limits_{i=1}^{n} X_i - \mu}{\sigma / \sqrt{n}} \overset{\text{近似}}{\sim}$

$N(0,1)$，也即 $\overline{X} = \dfrac{1}{n}\sum\limits_{i=1}^{n} X_i \overset{\text{近似}}{\sim} N\left(\mu, \dfrac{\sigma^2}{n}\right)$.

这一结果为 n 较大时独立同分布随机变量之和的概率计算提供了重要的理论基础和计算途径：不管原来的分布是什么，只要 n 充分大，就可以将这种"和"视作正态分布来计算其有关概率.

■**例5.3**　设一种机器的某个螺丝钉重量(单位：g)是一个随机变量，其均值是100，标准差是10，求一盒100个同型号螺丝钉的重量超过10.2 kg的概率.

解　设$X_i(i=1,2,\cdots,100)$为第i个螺丝钉的重量，$X_1,X_2,\cdots,X_{100}$相互独立，由题设

$$E(X_i)=100,\quad D(X_i)=10.$$

据列维-林德伯格中心极限定理，随机变量$\sum\limits_{i=1}^{100}X_i$近似地服从正态分布$N(10000,100^2)$，于是，所求概率为

$$P\left\{\sum_{i=1}^{100}X_i>10200\right\}=1-p\left(\frac{\sum\limits_{i=1}^{100}X_i-10000}{100}\leqslant 2\right)$$

$$\approx 1-\Phi(2)=1-0.9772=0.0228.$$

■**例5.4**　一生产线生产的产品成箱包装，且成箱的产品用卡车进行运输. 每箱产品的重量是随机的，假设每箱重量与规定重量的误差都服从均匀分布$U(-0.5,0.5)$. 若要使一车产品的重量的误差总和绝对值小于10的概率达到90%，试用中心极限定理说明每辆车最多可以装多少箱.

解　设$X_i(i=1,2,\cdots,n)$是装运的第i箱的重量误差，n为所求箱数. 由题设，$E(X_i)=0,D(X_i)=\dfrac{1}{12}(i=1,2,\cdots,n)$. 而$n$箱的总重量误差为$Y_n=X_1+X_2+\cdots+X_n$. 由题意，箱数$n$应满足不等式

$$P\{|Y_n|<10\}\geqslant 0.9.$$

由列维-林德伯格中心极限定理，Y_n近似服从正态分布$N\left(0,\dfrac{n}{12}\right)$，于是可得

$$2\Phi\left(\frac{10}{\sqrt{n/12}}\right)-1\geqslant 0.9,$$

即

$$\Phi\left(\frac{20\sqrt{3}}{\sqrt{n}}\right)\geqslant 0.95,$$

查表得

$$\frac{20\sqrt{3}}{\sqrt{n}}\geqslant 1.645,$$

由此得

$$n\leqslant 443.45,$$

即最多装443箱，才能使一车产品的重量的误差总和绝对值小于10的概率达到90%. 由定理5.5不难得到下面的定理.

定理5.6 棣莫弗-拉普拉斯中心极限定理　设随机变量$X\sim B(n,p)$，$n=1,2,\cdots,0<p<1$，则

$$\lim_{n\to\infty}P\left\{\frac{X-np}{\sqrt{np(1-p)}}\leqslant x\right\}=\frac{1}{\sqrt{2\pi}}\int_{-\infty}^{x}\mathrm{e}^{-\frac{t^2}{2}}\mathrm{d}t=\Phi(x).$$

证明略.

定理 5.6 表明：当 n 充分大时，二项分布 $X \overset{\text{近似}}{\sim} N(np, np(1-p))$，其标准化的形式为 $\dfrac{X-np}{\sqrt{np(1-p)}} \overset{\text{近似}}{\sim} N(0,1)$. 也就是说，当 $n \to \infty$ 时，二项分布 $B(n,p)$ 以正态分布 $N(np, np(1-p))$ 为其极限分布. 因此在实际应用中，当 n 较大时可用正态分布 $N(np, np(1-p))$ 近似代替二项分布 $B(n,p)$ 以计算相关概率.

■例 5.5 某保险公司多年的统计资料表明，在索赔户中被盗索赔户占 20%，用 X 表示在随机抽查的 100 个索赔户中因被盗而向保险公司索赔的数额.

（1）写出 X 的概率分布；

（2）求被盗索赔户不少于 14 户且不多于 30 户的概率的近似值.

解　（1）$X \sim B(100, 20\%)$，$P\{X=k\} = C_{100}^{k} 0.2^{k} 0.8^{(100-k)}$，$k = 1,2,\cdots,100$；

（2）$E(X) = 100 \times 0.2 = 20$，$D(X) = 100 \times 0.2 \times (1-0.2) = 16$，根据棣莫弗-拉普拉斯中心极限定理，

$$
\begin{aligned}
P\{14 \leqslant X \leqslant 30\} &= P\left\{\frac{14-20}{4} \leqslant \frac{X-E(X)}{\sqrt{D(X)}} \leqslant \frac{30-20}{4}\right\} \\
&= P\left\{-1.5 \leqslant \frac{X-E(X)}{\sqrt{D(X)}} \leqslant 2.5\right\} \\
&\approx \Phi(2.5) - \Phi(-1.5) \\
&= \Phi(2.5) + \Phi(1.5) - 1 \\
&= 0.994 + 0.933 - 1 = 0.927.
\end{aligned}
$$

棣莫弗-拉普拉斯中心极限定理是专门针对二项分布的，因此也可称为"二项分布的正态近似". 第 2 章介绍的泊松分布给出的是"二项分布的泊松近似". 两者比较，一般在 p 较小时，用后者较好；而在 $np > 5$ 时用前者较好.

■例 5.6 某车间有同型号的机床 200 台，在 1 h 内每台机床约有 70% 的时间是工作的. 假定各机床工作是相互独立的，工作时每台机床要消耗电能 15 kW. 问至少要多少电能，才可以有 95% 的可能性保证此车间正常生产.

解　设 200 台机床中同时工作的机床数为 X，则 $X \sim B(200, 0.7)$，且
$$E(X) = 140, \quad D(X) = 42.$$

因为 X 台机床同时工作需要消耗 $15X$ kW 电能，所以设供电数为 x kW，则正常生产为 $(15X \leqslant y)$，由题设 $P\{15X \leqslant y\} \geqslant 0.95$，其中
$$P\{15X \leqslant y\} \approx \Phi\left\{\frac{\dfrac{y}{15} + 0.5 - 140}{\sqrt{42}}\right\} \geqslant 0.95.$$

查正态分布表得
$$\frac{\dfrac{y}{15} + 0.5 - 140}{\sqrt{42}} \geqslant 1.645,$$

从中解得 $Y > 225.2$ kW，即此车间每小时至少需要 225.2 kW 电能. 才有 95% 的可能性保证此车间正常生产.

习题 5.2

1. 设随机变量序列 $X_1, X_2, \cdots, X_n, \cdots$ 相互独立同分布，其概率密度 $f(x_i) = \dfrac{1}{\pi(1+x_i^2)}$ ($i = 1, 2, \cdots$)，问它们是否满足中心极限定理，为什么？

2. 一个复杂的系统，由 100 个相互独立起作用的部件所组成. 在整个运行期间，每个部件损坏的概率为 0.1. 为了使整个系统起作用，至少需有 85 个部件，求整个系统工作的概率.

3. 设有 30 个电子器件，它们的使用寿命（单位：h）$T_1, T_2, \cdots, T_{30}$ 服从参数 $\lambda = 0.1$ 的指数分布. 其使用情况：第一个损坏第二个立即使用，第二个损坏第三个立即使用等. 令 T 为 30 个器件使用的总时间，求 T 超过 350 h 的概率.

4. 抽样检查产品质量时，如果发现次品多于 10 个，则认为这批产品不能接受. 问应检查多少产品才能使次品率为 10% 的一批产品不被接受的概率达到 0.9？

 阅读材料

极限定理

1733 年，棣莫弗-拉普拉斯定理在分布的极限定理方面走出了根本性的一步，证明了二项分布的极限分布是正态分布. 拉普拉斯改进了证明过程并把二项分布推广为更一般的分布. 1900 年，李雅普诺夫进一步推广了他们的结论，并创立了特征函数法. 这类分布极限问题是当时概率论研究的中心问题，卜里耶为之命名"中心极限定理". 20 世纪初，主要探讨使中心极限定理成立的最广泛的条件，1920—1930 年的林德伯格条件和费勒（Feller）条件是独立随机变量序列情形下的显著进展. 伯努利是第一个研究这一问题的数学家，他于 1713 年首先提出被后人称为"大数定律"的极限定理.

第 5 章总习题

1. （2003）设 $X_1, X_2, \cdots, X_n$ 独立同分布且均服从参数为 2 的指数分布，则当 $n \to \infty$ 时，$Y_n = \dfrac{1}{n} \sum\limits_{i=1}^{n} X_i^2$ 依概率收敛于_____.

2. （2020）设 $X_1, X_2, \cdots, X_{100}$ 为来自总体 X 的简单随机样本，其中 $P\{X=0\} = P\{X=1\} = \dfrac{1}{2}$，$\Phi(x)$ 表示标准正态分布函数，则利用中心极限定理可得 $P\{\sum\limits_{i=1}^{100} X_i \leqslant 55\}$ 的近似值为（　　）.

A. $1 - \Phi(1)$　　B. $\Phi(1)$　　C. $1 - \Phi(0.2)$　　D. $\Phi(0.2)$

3. 设随机变量 X 与 Y 的数学期望均为 2，方差分别为 1 和 4，而相关系数为 0.5，试用切贝雪夫不等式估计 $P\{|X-Y| \geqslant 6\}$.

4. 设事件 A 发生的概率记为 P，P 未知，若试验 1000 次，用发生的频率替代概率 P，估计所产生的误差小于 10% 的概率为多少？

5. 某运输公司有 500 辆汽车参加保险，在一年内汽车出事故的概率为 0.006，参加保险的汽车每年交保险费 800 元，若出事故保险公司最多赔偿 50000 元，试利用中心极限定理计算，保险公司一年赚钱不小于 200000 元的概率.

6. (2001)生产线生产的产品成箱包装，每箱的重量是随机的，假设每箱平均重 50 kg，标准差为 5 kg. 若用最大载重量为 5 t 的汽车承运，试利用中心极限定理说明每辆车最多可以装多少箱，才能保证不超载的概率大于 0.977（$\Phi(2) = 0.977$，其中 $\Phi(x)$ 是标准正态分布函数）.

第 6 章
统计量与抽样分布

数理统计是概率论的"姊妹学科". 概率论是数理统计的基础,数理统计是概率论的重要应用. 数据挖掘、数据分析和数据处理等,都需要数理统计的相关知识和方法. 因此,数理统计也是后续研究和应用的基础.

数理统计学使用概率论和其他数学方法,通过试验和观察收集数据,在设定的数学模型(统计模型)之下,对数据进行分析(称为统计分析),并对问题做出推断(称为统计推断).

试验和观察的次数是有限的,且事件的发生受多种因素影响,即导致结果有多方面的原因. 所以收集到的统计数据(资料)只能反映事物的局部特征. 数理统计以概率论作为理论基础,从局部特征推断整体特征,从而把握事物的本质特征.

第 6 章
思维导图

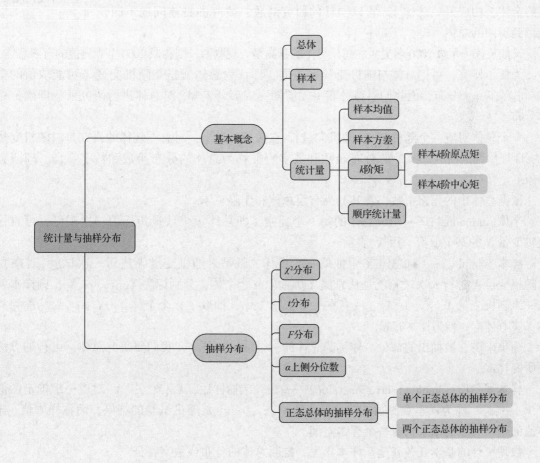

统计量与抽样分布
├── 基本概念
│   ├── 总体
│   ├── 样本
│   └── 统计量
│   ├── 样本均值
│   ├── 样本方差
│   ├── k阶矩
│   │   ├── 样本k阶原点矩
│   │   └── 样本k阶中心矩
│   └── 顺序统计量
└── 抽样分布
    ├── χ^2分布
    ├── t分布
    ├── F分布
    ├── α上侧分位数
    └── 正态总体的抽样分布
        ├── 单个正态总体的抽样分布
        └── 两个正态总体的抽样分布

6.1 总体、样本和统计量

6.1.1 总体和样本

总体(population)——研究对象的某个数量指标或可以数量化指标的全体. 它可以是一个随机变量; 也可以是研究对象的某些数量指标的全体, 即多维随机变量(随机向量). 其特点是部分未知甚至完全未知. 本书将其记为 X.

数理统计基本概念

例如某厂生产电子元件, 电子元件的使用寿命取值的全体, 构成研究对象的全体, 即总体, 它是随机变量, 用 X 表示; 所有这批电子元件的重量取值的全体, 构成另一总体 Y. 所以同样的研究对象, 研究的具体问题不同, 就得到不同的总体.

又如某校一年级 2000 名男生, 每位男生的身高是一观测值, 则构成 2000 个观测值的有限总体.

为便于研究, 可把总体与随机变量 X 等同, 即认为总体就是某随机变量 X 可能取值的全体. 它存在一个分布, 但我们对该分布一无所知, 或部分未知. 对总体进行研究任务即确定总体分布.

一个总体对应一个随机变量(随机向量). 在数理统计中, 对总体规律的研究是对随机变量 X 统计规律性的研究. 将 X 的分布函数和数字特征称为总体的分布函数和数字特征, 即研究对象.

依据总体中的元素个数, 将其分为有限总体和无限总体.

个体(individual)——组成总体的每一个元素, 即总体每个数量指标的一次观测, 可看作随机变量 X 的某个取值, 用 X_i 表示.

样本(sample)——从总体 X 中抽取一个个体, 就是对随机变量 X 进行一次试验(观察); 对随机变量 X 进行 n 次试验就是从总体 X 中抽取 n 个个体, 分别记为 $X_1, X_2, \cdots, X_n$, 则样本就是 n 维随机变量 $X_1, X_2, \cdots, X_n$, 或者在一个总体 X 中, 抽取了 n 个个体 $X_1, X_2, \cdots, X_n$, 称为总体 X 的样本, n 称为样本容量.

简单来讲, 被抽出的部分个体称为总体的一个或一组样本. 我们要研究总体, 可行的方法是研究样本.

样本观测值(sample observation value)——在一次抽样后, $X_1, X_2, \cdots, X_n$ 对应一组确定的值 $x_1, x_2, \cdots, x_n$, 称为样本观测值. 样本观测值 $x_1, x_2, \cdots, x_n$ 是随机试验的结果, 简称样本值. 样本值的全体可能的结果构成一个样本空间.

数理统计的基本任务就是从样本出发, 推断总体的分布或数字特征.

简单随机样本(simple random sample)——所有 $X_i(i=1,2,\cdots,n)$ 与总体 X 分布相同, 且 $X_1, X_2, \cdots, X_n$ 相互独立. $X_1, X_2, \cdots, X_n$, 称为简单随机样本, 简称样本. 本书如无特别说明, 样本均指简单随机样本.

简单随机样本

说明如下.

(1)样本是受随机性影响的一组数据. 每个样本既可视为一组数据, 又可视为一组随机变量——n 维随机变量(样本的二重性). 通过具体试验, 得到一组观测值, 样本表现为一组数据. 但这组数据只能以一定的概率(或概率密度)出现, 当考察一个统计方法是否具有某种普遍意义下的效果时, 又需要将其样本视为随机变量, 而一次具体试验得到的数据，则可视为随机变量的一个实现值(样本值).

(2)样本也不是任意一组随机变量，要求(假设)它是一组独立同分布的随机变量.

独立要求样本中各数据互不影响，即各次抽样的结果互不影响，样本是在相同条件下独立重复地抽取的.

同分布要求样本具有代表性，即随机向量中的每个随机变量具有相同的统计特征.

统计是从手中已有的资料——样本值，去推断总体的情况——总体分布. 样本是联系总体与样本值的桥梁.

由于总体分布决定了样本取值的概率规律，即通过样本取得样本值的规律，因而可以用样本值去推断总体.

有限总体的抽样：有限总体的有放回抽样是多次独立同分布抽样，即**随机抽样**(random sampling). 这样得到的数据即**简单随机样本**.

但有放回抽样不便使用. 当个体总数 N 比要得到的样本容量 n 大得多时，在实际问题中可将有限总体的不放回抽样近似地当作放回抽样处理.

无限总体的抽样：因其总体中样本容量无限多，抽取一个个体不影响其分布，所以对于无限总体总是采用不放回抽样.

6.1.2　统计量

统计量

定义 6.1　设 $X_1, X_2, \cdots, X_n$ 是总体 X 的一组样本，若 $g(X_1, X_2, \cdots, X_n)$ 是不含任何未知参数的连续函数，则称样本函数 $g(X_1, X_2, \cdots, X_n)$ 为**统计量**(statistic).

说明：因为样本 $X_1, X_2, \cdots, X_n$ 中的个体都是随机变量，而统计量 $g(X_1, X_2, \cdots, X_n)$ 是随机变量的函数，因此统计量是一个随机变量. 若 $x_1, x_2, \cdots, x_n$ 是样本 $X_1, X_2, \cdots, X_n$ 的一组观测值，则称 $g(x_1, x_2, \cdots, x_n)$ 为统计量 $g(X_1, X_2, \cdots, X_n)$ 的观测值.

统计量是分析数据、处理数据的主要工具. 对统计量最基本的要求是能将样本值代入其中进行计算，因而不能含有任何未知的参数.

■**例 6.1**　设 $X_1, X_2, \cdots, X_n$ 是来自总体 X 的样本，$X \sim N(\mu, \sigma^2)$，其中 μ, σ^2 为未知参数，则 $X_1, \dfrac{1}{2}X_1 + \dfrac{1}{3}X_2, \min\{X_1, X_2, \cdots, X_n\}$ 均为统计量. 但 $\dfrac{X_i - \mu}{\sigma}$ 不是统计量，因它含有未知参数 μ 和 σ.

设 $X_1, X_2, \cdots, X_n$ 为来自总体 X 的样本，则有以下几种常用统计量.

(1)**样本均值**(sample mean). $\bar{X} = \dfrac{1}{n} \sum\limits_{i=1}^{n} X_i$，

此统计量可给总体带来取值集中点的信息.

(2)**样本方差**(sample variance). $S^2 = \dfrac{1}{n-1} \sum\limits_{i=1}^{n} (X_i - \bar{X})^2$，

此统计量可给总体带来取值离散程度的信息.

(3)**样本 k 阶原点矩**(sample origin moment of order k). $A^k = \dfrac{1}{n} \sum\limits_{i=1}^{n} X_i^k$.

(4)**样本 k 阶中心矩**(sample central moment of order k). $\dfrac{1}{n} \sum\limits_{i=1}^{n} (X_i - \bar{X})^k$.

$k=1$ 时，样本一阶原点矩就是样本均值 $\bar{X}$；

$k=2$ 时，样本二阶中心矩就是 $\dfrac{1}{n}\sum\limits_{i=1}^{n}(X_i-\bar{X})^2$.

(5) 顺序统计量(order statistic). 将 $X_1,X_2,\cdots,X_n$ 中观测值按由小到大顺序排列，则 $X_{(1)}\leqslant X_{(2)}\leqslant\cdots\leqslant X_{(n)}$，将其称为一组顺序统计量(order statistic)，其中 $X_{(1)}=\min\limits_{1\leqslant i\leqslant n}\{X_i\}$ 为最小顺序统计量；$X_{(n)}=\max\limits_{1\leqslant i\leqslant n}\{X_i\}$ 为最大顺序统计量；称 $X_{(k)}$ 为第 k 个顺序统计量(No. k order statistic).

习题 6.1

1. 设 $X_1,\cdots,X_6$ 是来自服从参数为 λ 的泊松分布 $P(\lambda)$ 的样本，试写出样本的联合分布律.

2. 设 $X_1,\cdots,X_6$ 是来自 $(0,\theta)$ 上均匀分布的样本，$\theta>0$ 但未知. 写出样本的联合密度；

3. 设 $X_1,X_2,\cdots,X_n$ 是来自 $X\sim f(x,\theta)=\begin{cases}\dfrac{3x^2}{\theta^2}, & 0<x<\theta,\\[2mm] 0, & \text{其他},\end{cases}$ 的样本，其中 $\theta>0$ 为未知参数，写出 $X_1,X_2,\cdots,X_{10}$ 的联合密度.

4. 设 $X_1,\cdots,X_6$ 是来自 $(0,\theta)$ 上均匀分布的样本，$\theta>0$ 未知.

(1) 指出下列样本函数中哪些是统计量? 哪些不是? 为什么?

$$T_1=\frac{X_1+\cdots+X_6}{6},\ T_2=X_6-\theta,\ T_3=X_6-E(X_1),\ T_4=\max(X_1+\cdots+X_6).$$

(2) 若有一组样本值为 $0.5,1,0.7,0.6,1,1$，试写出样本均值、样本方差和样本标准差.

6.2　抽样分布

统计量的分布称为**抽样分布**(sampling distribution)，由于很多统计推断是基于正态总体假设的，因此以标准正态分布为基础构造的 3 个著名统计量有着非常广泛的应用. 正态分布在概率论中已经做了详细阐述，接下来对另外三大分布进行介绍.

6.2.1　样本均值和样本方差的数字特征

若 $X_1,X_2,\cdots,X_n$ 是来自总体 X 的样本，$E(X)=\mu$，$D(X)=\sigma^2$，则有如下性质.

(1) $E(\bar{X})=\mu$，$D(\bar{X})=\dfrac{\sigma^2}{n}$；

(2) $E(S^2)=D(X)=\sigma^2$.

证明　(1) 因 $X_1,X_2,\cdots,X_n$ 是来自总体 X 的样本，故有 $X_1,X_2,\cdots,X_n$ 相互独立，且 $E(X_i)=\mu$，$D(X_i)=\sigma^2(i=1,2,\cdots,n)$.

由数学期望的性质有

$$E(\bar{X})=E\left(\frac{1}{n}\sum_{i=1}^{n}X_i\right)=\frac{1}{n}\sum_{i=1}^{n}E(X_i)=\frac{1}{n}\sum_{i=1}^{n}\mu=\mu;$$

由方差的性质有

$$D(\bar{X}) = D\left(\frac{1}{n}\sum_{i=1}^{n} X_i\right) = \frac{1}{n^2}\sum_{i=1}^{n} D(X_i) = \frac{1}{n^2}\sum_{i=1}^{n} \sigma^2 = \frac{\sigma^2}{n}.$$

（2）注意到

$$S^2 = \frac{1}{n-1}\sum_{i=1}^{n}(X_i - \bar{X})^2 = \frac{1}{n-1}\sum_{i=1}^{n}(X_i^2 - 2\bar{X}X_i + \bar{X}^2)$$

$$= \frac{1}{n-1}\left(\sum_{i=1}^{n} X_i^2 - 2\sum_{i=1}^{n} \bar{X}X_i + \sum_{i=1}^{n} \bar{X}^2\right)$$

$$= \frac{1}{n-1}\sum_{i=1}^{n} X_i^2 - \frac{2}{n-1}\bar{X}\sum_{i=1}^{n} X_i + \frac{1}{n-1}\sum_{i=1}^{n} \bar{X}^2$$

$$= \frac{1}{n-1}\sum_{i=1}^{n} X_i^2 - \frac{2n}{n-1}\bar{X}^2 + \frac{n}{n-1}\bar{X}^2$$

$$= \frac{1}{n-1}\sum_{i=1}^{n} X_i^2 - \frac{n}{n-1}\bar{X}^2,$$

$$D(X_i) = E(X_i^2) - [E(X_i)]^2,\ \ D(\bar{X}) = E(\bar{X}^2) - [E(\bar{X})]^2,$$

所以

$$E(S^2) = E\left(\frac{1}{n-1}\sum_{i=1}^{n} X_i^2 - \frac{n}{n-1}\bar{X}^2\right) = \frac{1}{n-1}\sum_{i=1}^{n} E(X_i^2) - \frac{n}{n-1}E(\bar{X}^2)$$

$$= \frac{1}{n-1}\sum_{i=1}^{n}\{D(X_i) + [E(X_i)]^2\} - \frac{n}{n-1}D(\bar{X}) - \frac{n}{n-1}[E(\bar{X})]^2$$

$$= \frac{1}{n-1}\sum_{i=1}^{n}(\sigma^2 + \mu^2) - \frac{\sigma^2}{n-1} - \frac{n\mu^2}{n-1} = \sigma^2.$$

6.2.2　抽样分布及 α 上侧分位数（点）

正态分布是最常见的分布之一，从中心极限定理可知，在样本容量很大时，正态分布能近似其他分布. 因此，正态总体有广泛的应用，如以下和正态总体有关的重要抽样分布.

1. χ^2 分布（卡方分布）

定义 6.2　设 $X_1, X_2, \cdots, X_n$ 是来自标准正态分布 $N(0,1)$ 的样本，则称随机变量

$$\chi^2 = \sum_{i=1}^{n} X_i^2$$

服从自由度为 n 的 χ^2 分布，记为 $\chi^2 \sim \chi^2(n)$.

不同自由度 n 的 χ^2 分布的概率密度曲线如图 6.1 所示.

χ^2 分布的性质如下：

（1）（**可加性**）　设 χ_1^2, χ_2^2 是两个相互独立的随机变量，且 $\chi_1^2 \sim \chi^2(n_1)$，$\chi_2^2 \sim \chi^2(n_2)$，则

$$\chi_1^2 + \chi_2^2 \sim \chi^2(n_1 + n_2);$$

（2）设 $\chi^2 \sim \chi^2(n)$，则 $E(\chi^2) = n$，$D(\chi^2) = 2n$.

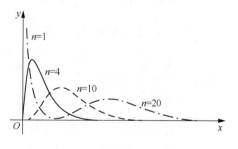

图 6.1

2. t 分布

定义 6.3　设 $X \sim N(0,1)$，$Y \sim \chi^2(n)$，且 X 与 Y 相互独立，则称随机变量

$$T = \frac{X}{\sqrt{Y/n}}$$

服从自由度 n 的 t 分布, 记作 $T \sim t(n)$, 又称学生(student)分布.

t 分布的图形随自由度为 n 的不同而有所改变. 图 6.2 绘出了 $n = 1, 10, 20$ 时 t 分布的概率密度曲线.

当 $n \to +\infty$ 时, t 分布的极限为标准正态分布. 一般当 $n > 45$ 时, t 分布就很接近标准正态分布了.

t 分布的概率密度函数是 x 的偶函数, 其图形关于纵轴对称.

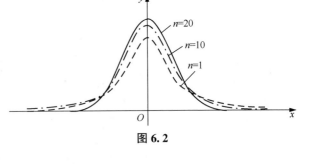

图 6.2

3. F 分布

定义 6.4 设 $X \sim \chi^2(m)$, $Y \sim \chi^2(n)$, 且 X 与 Y 相互独立, 则称随机变量

$$F = \frac{X/m}{Y/n}$$

服从自由度为 (m, n) 的 F 分布, 记为 $F \sim F(m, n)$, 其密度函数图像如图 6.3 所示.

由 F 分布的定义知, 若 $F \sim F(m, n)$, 则 $\frac{1}{F} \sim F(n, m)$.

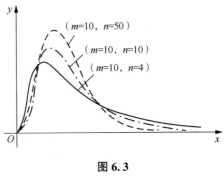

图 6.3

■**例 6.2** 设 $X_1, X_2, \cdots, X_6$ 是来自标准正态分布 $N(0, 1)$ 的样本, 求以下随机变量所服从的分布.

(1) $Y_1 = X_1 + X_2 + X_5$;

(2) $Y_2 = \dfrac{X_1 + X_2}{\sqrt{X_4^2 + X_5^2}}$;

(3) $Y_3 = \dfrac{(X_1 + X_2)^2}{(X_4 - X_3)^2}$;

(4) $Y_4 = \dfrac{X_1^2 + X_2^2 + X_3^2 + X_4^2}{2(X_5^2 + X_6^2)}$.

解 因为 $X \sim N(0, 1)$, 由性质有

(1) $Y_1 = X_1 + X_2 + X_5 \sim N(0, 3)$;

(2) $X_1 + X_2 \sim N(0, 2)$, $\dfrac{X_1 + X_2}{\sqrt{2}} \sim N(0, 1)$, $X_4^2 + X_5^2 \sim \chi^2(2)$, 且 $X_1 + X_2$ 与 $X_4^2 + X_5^2$ 相互独立,

则 $Y_2 = \dfrac{X_1 + X_2}{\sqrt{X_4^2 + X_5^2}} \sim t(2)$;

(3) 因 $X_1 + X_2 \sim N(0, 2)$, $\dfrac{X_1 + X_2}{\sqrt{2}} \sim N(0, 1)$, 故 $\left(\dfrac{X_1 + X_2}{\sqrt{2}}\right)^2 \sim \chi^2(1)$;

又因 $X_4 - X_3 \sim N(0, 2)$, $\dfrac{X_4 - X_3}{\sqrt{2}} \sim N(0, 1)$, 故 $\left(\dfrac{X_4 - X_3}{\sqrt{2}}\right)^2 \sim \chi^2(1)$;

所以有 $\dfrac{\left(\dfrac{X_1+X_2}{\sqrt{2}}\right)^2}{\left(\dfrac{X_4-X_3}{\sqrt{2}}\right)^2}=\dfrac{(X_1+X_2)^2}{(X_4-X_3)^2}\sim F(1,1)$；

（4）因为 $X_1^2+X_2^2+X_3^2+X_4^2\sim\mathcal{X}^2(4)$，$X_5^2+X_6^2\sim\mathcal{X}^2(2)$，所以

$$Y_4=\dfrac{X_1^2+X_2^2+X_3^2+X_4^2}{2(X_5^2+X_6^2)}=\dfrac{(X_1^2+X_2^2+X_3^2+X_4^2)/4}{(X_5^2+X_6^2)/2}\sim F(4,2).$$

4. α 上侧分位数

设有随机变量 X，对给定的 $\alpha(0<\alpha<1)$，若存在实数 x_α 满足

$$P\{X>x_\alpha\}=\alpha,$$

则称 x_α 为 X 的**上侧分位数**（quantile）或 α 上侧分位点.

分位数的定义和
性质

标准正态分布、自由度为 n 的卡方分布、自由度为 n 的 t 分布、自由度为 (m,n) 的 F 分布的 α 下侧分位数分别记为 $u_\alpha,\mathcal{X}_\alpha^2(n),t_\alpha(n),F_\alpha(m,n)$，如图 6.4 所示，即有

（1）$X\sim N(0,1)$，则 $P\{X>u_\alpha\}=\alpha$；

（2）$\mathcal{X}^2\sim\mathcal{X}^2(n)$，则 $P\{\mathcal{X}^2>\mathcal{X}_\alpha^2(n)\}=\alpha$；

（3）$T\sim t(n)$，则 $P\{T>t_\alpha(n)\}=\alpha$；

（4）$F\sim F(m,n)$，则 $P\{F>F_\alpha(m,n)\}=\alpha$.

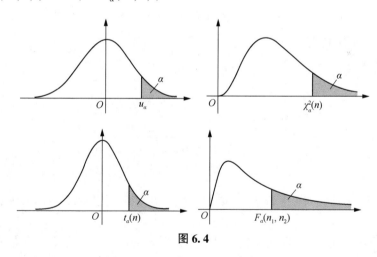

图 6.4

（1）由标准正态分布和 t 分布的对称性有

$$u_{1-\alpha}=-u_\alpha,$$
$$t_{1-\alpha}(n)=-t_\alpha(n)；$$

（2）由 F 分布的定义可得

$$F_{1-\alpha}(m,n)=\dfrac{1}{F_\alpha(n,m)}；$$

（3）由于当 n 较大时 t 分布近似于 $N(0,1)$，一般地，当 $n>45$ 时，有 $t_\alpha(n)\approx u_\alpha$. 各分布的分位数都可以通过附录查询，示例如下：

$$\chi^2_{0.05}(10) = 3.94，则 P(\chi^2(10) \leqslant 3.94) = 0.05;$$

$$t_{0.95}(10) = -t_{0.05}(10) = -1.8125;$$

$$F_{0.95}(5,4) = \frac{1}{F_{0.05}(4,5)} = \frac{1}{5.19} = 0.1927.$$

综合上侧分位数的概念，对于标准正态分布有

$$\Phi(u_\alpha) = \alpha.$$

6.2.3 正态总体的抽样分布

正态总体抽样分布的结论在理论上和实际应用中都有非常重要的应用，是第 7、8 章的基础.

1. 来自单个正态总体 $N(\mu, \sigma^2)$ 的抽样分布

定理 6.1 设 $X_1, X_2, \cdots, X_n$ 是来自总体 $X \sim N(\mu, \sigma^2)$ 的一个样本，即独立同分布，且都服从 $N(\mu, \sigma^2)$ 分布，则

(1) 样本均值 $\bar{X}$ 与方差 S^2 相互独立；

(2) $\bar{X} \sim N\left(\mu, \dfrac{\sigma^2}{n}\right)$ 或 $\dfrac{\sqrt{n}(\bar{X}-\mu)}{\sigma} \sim N(0,1)$；

(3) $\dfrac{(n-1)S^2}{\sigma^2} = \dfrac{1}{\sigma^2}\sum\limits_{i=1}^{n}(X_i - \bar{X})^2 \sim \chi^2(n-1)$；

(4) $\dfrac{\sqrt{n}(\bar{X}-\mu)}{S} \sim t(n-1)$.

定理 6.1

■**例 6.3** 设 $X_1, X_2, \cdots, X_n$ 是来自总体 $X \sim N(\mu, 4)$ 的样本，当样本容量 n 为多大才能使 $P\{|\bar{X}-\mu| \leqslant 0.1\} = 0.95$ 成立?

解 由于 $\dfrac{\bar{X}-\mu}{\sigma/\sqrt{n}} = \dfrac{\bar{X}-\mu}{2/\sqrt{n}} \sim N(0,1)$，则有

$$P\{|\bar{X}-\mu| \leqslant 0.1\} = P\left\{-\frac{0.1}{2/\sqrt{n}} \leqslant \frac{\bar{X}-\mu}{2/\sqrt{n}} \leqslant \frac{0.1}{2/\sqrt{n}}\right\}$$

$$= \Phi(0.05\sqrt{n}) - \Phi(-0.05\sqrt{n})$$

$$= 2\Phi(0.05\sqrt{n}) - 1 = 0.95,$$

所以 $\Phi(0.05\sqrt{n}) = 0.975$. 查表有 $\Phi(1.96) = 0.975$，则 $0.05\sqrt{n} = 1.96$，最后得 $n = 1536.64 \approx 1537$.

■**例 6.4** 设某公司生产瓶装洗衣液，规定每瓶装 520 mL，但在实际罐装时总会出现一定误差，要求将误差控制在一定范围内. 假定罐装的方差为 1，如果每箱装 25 瓶这样的洗衣液，那么 25 瓶洗衣液的平均罐装量和标准值 520 mL 相差不超过 0.2 mL 的概率是多少?

解 设瓶装洗衣液的罐装容量服从正态分布，均值为 μ，方差为 1，则 25 瓶洗衣液的灌装量 $X_1, X_2, \cdots, X_{25}$ 是来自正态总体 $N(\mu, 1)$ 的样本. 根据定理 6.1 有 $\bar{X} \sim N(\mu, 1)$，所以

$$P\{|\bar{X}-\mu| \leqslant 0.2\} = P\left\{-\frac{0.2}{1/\sqrt{25}} \leqslant \frac{\bar{X}-\mu}{1/\sqrt{25}} \leqslant \frac{0.2}{1/\sqrt{25}}\right\}$$

$$= \Phi(1) - \Phi(-1) = 2\Phi(1) - 1 = 0.6826.$$

■**例 6.5** 在设计导弹的发射装置时，需要研究弹着点偏离目标中心的距离的方差. 对于一类导弹发射装置，弹着点偏离目标中心的距离服从正态分布 $X \sim N(\mu, \sigma^2)$，这里 $\sigma^2 = 100$ m². 现在进行 25 次发射试验，用 S^2 记这 25 次试验中弹着点偏离目标中心的距离的样本方差，试求 S^2 超过 50 m² 的概率.

解 因 $\dfrac{(n-1)S^2}{\sigma^2} \sim \chi^2(n-1)$，故

$$P\{S^2 > 50\} = P\left\{\frac{(n-1)S^2}{\sigma^2} > \frac{(n-1)50}{\sigma^2}\right\}$$

$$= P\left\{\chi^2(24) > \frac{24 \times 50}{100}\right\} = P\{\chi^2(24) > 12\} = 0.975,$$

因此，S^2 超过 50 m² 的概率至少为 0.975.

2. 来自两个正态总体 $N(\mu_1, \sigma_1^2), N(\mu_2, \sigma_2^2)$ 的抽样分布

定理 6.2 设 $X_1, X_2, \cdots, X_m$ 是来自总体 $X \sim N(\mu_1, \sigma_1^2)$ 的一个样本，$\overline{X}$ 是样本均值，S_m^2 是样本方差；$Y_1, Y_2, \cdots, Y_n$ 是来自总体 $Y \sim N(\mu_2, \sigma_2^2)$ 的一个样本，$\overline{Y}$ 是样本均值，S_n^2 是样本方差；X 与 Y 相互独立. 则

(1) $\dfrac{(\overline{X}-\overline{Y}) - (\mu_1-\mu_2)}{\sqrt{\sigma_1^2/m + \sigma_2^2/n}} \sim N(0,1)$；

(2) 当 $\sigma_1^2 = \sigma_2^2 = \sigma^2$ 时，有

$$\frac{(\overline{X}-\overline{Y}) - (\mu_1-\mu_2)}{S_w\sqrt{\dfrac{1}{m}+\dfrac{1}{n}}} \sim t(m+n-2),$$

其中
$$S_w^2 = \frac{(m-1)S_m^2 + (n-1)S_n^2}{m+n-2}.$$

习题 6.2

1. 查表求 $\chi_{0.99}^2(12)$，$\chi_{0.01}^2(12)$，$t_{0.99}(12)$，$t_{0.01}(12)$.
2. 设随机变量 $T \sim t(10)$，求常数 c 使 $P(T > c) = 0.95$.
3. 设 $X_1, \cdots, X_n$ 是来自正态总体 $N(0, \sigma^2)$ 的样本，试证：

(1) $\dfrac{1}{\sigma^2}\sum_{i=1}^{n} X_i^2 \sim \chi^2(n)$； (2) $\dfrac{1}{n\sigma^2}\left(\sum_{i=1}^{n} X_i\right)^2 \sim \chi^2(1)$.

4. 设 $X_1, \cdots, X_5$ 是独立同分布的随机变量，且 $X_i \sim N(0,1)$，$i=1,2,\cdots,5$，

(1) 试给出常数 c，使得 $c(X_1^2 + X_2^2)$ 服从 χ^2 分布，并指出它的自由度；

(2) 试给出常数 d，使得 $d\dfrac{X_1+X_2}{\sqrt{X_3^2+X_4^2+X_5^2}}$ 服从 t 分布，并指出它的自由度；

(3) 试给出常数 k，使得 $k\dfrac{X_1^2+X_2^2}{X_3^2+X_4^2+X_5^2}$ 服从 F 分布，并指出它的自由度.

 阅读材料

数理统计思想

数理统计思想就是实际统计工作、数理统计理论及应用研究中必须遵循的基本理念和指导思想.数理统计的基本思想主要包括均值思想、变异思想、估计思想、相关思想、拟合思想、检验思想.

1. 均值思想

均值是对所要研究对象的简明而重要的代表.均值概念几乎涉及所有数理统计学理论,是数理统计学的基本思想.均值思想也要求从总体来看问题,但要求观察其一般发展趋势,避免个别偶然现象的干扰,故体现了总体观.

2. 变异思想

统计研究同类现象的总体特征,它的前提是总体各单位的特征存在着差异.统计方法就是要认识事物数量方面的差异.数理统计学反映变异情况基本的概念是方差,是表示"变异"的"一般水平"的概念.均值与变异都是对同类事物特征的抽象和宏观度量.

3. 估计思想

估计以样本推测总体,是对同类事物的由此及彼式的认识方法.估计思想有一个预设——样本与总体具有相同的性质,这样样本才能代表总体.但样本的代表性受偶然因素影响,在估计时,对置信程度的测量是保持逻辑严谨的必要步骤.

4. 相关思想

事物是普遍联系的,在变化中,经常出现一些事物相随共变或相随共现的情况,总体又是由许多个别事物所组成的,这些个别事物是相互关联的,而我们所研究的事物又是在同质性的基础上形成的.因而,总体中的个体之间、这一总体与另一总体之间总是相互关联的.

5. 拟合思想

拟合是对不同类型事物之间关系之表象的抽象.任何一种单一的关系都必须依赖于其他关系而存在,所有实际事物的关系都表现得非常复杂,这种方法就是对规律或趋势的拟合.拟合的成果是模型,反映一般趋势.趋势表达的是"事物和关系的变换过程在数量上所体现的模于此而预示的可能性".

6. 检验思想

数理统计方法总是归纳性的,其结论总是带有一定的或然性,基于局部特征和规律所推广出来的判断不可能完全可信,检验就是利用样本的实际资料来检验事先对总体某些数量特征的假设是否可信.

第6章总习题

一、填空题.

1. 设总体 X 的一组容量为 5 的样本值为 2,3,5,7,8,则样本均值 $\bar{x}=$ _____,样本方差 $s^2=$ _____,样本二阶中心距 $b_2=$ _____.

2. (2001)设总体 X 服从正态分布 $N(0,2^2)$,而 $X_1,X_2,\cdots,X_{15}$ 是来自总体 X 的样本,则统

计量 $Y=\dfrac{X_1^2+X_2^2+\cdots+X_{10}^2}{2(X_{11}^2+X_{12}^2+\cdots+X_{15}^2)}$ 服从_____分布，参数为_____.

3.（2004）设总体 X 服从正态分布 $N(\mu_1,\sigma^2)$，总体 Y 服从正态分布 $N(\mu_2,\sigma^2)$，$X_1,X_2,\cdots,$ X_{n_1} 和 $Y_1,Y_2,\cdots,Y_{n_2}$ 分别是来自总体 X 和 Y 的样本，则 $E\left[\dfrac{\sum\limits_{i=1}^{n_1}(X_i-\bar{X})^2+\sum\limits_{j=1}^{n_2}(Y_j-\bar{Y})^2}{n_1+n_2-2}\right]$ =_____.

4.（2006）设总体 X 的概率密度为 $f(x)=\dfrac{1}{2}\mathrm{e}^{-|x|}$（$-\infty<x<+\infty$），$X_1,X_2,\cdots,X_n$ 是来自总体 X 的样本，其样本方差为 S^2，则 $E(S^2)=$_____.

5.（2015）设总体 $X\sim B(m,\theta)$，$X_1,X_2,\cdots,X_n$ 是来自该总体的样本，$\bar{X}$ 是样本均值，则 $E\left[\sum\limits_{i=1}^{n}(X_i-\bar{X})^2\right]=$_____.

二、选择题

6.（2017）设 $X_1,X_2,\cdots,X_n(n\geqslant 2)$ 为来自总体 $N(\mu,1)$ 的样本，记 $\bar{X}=\dfrac{1}{n}\sum\limits_{i=1}^{n}X_i$，则下列结论不正确的是（　　）.

A. $\sum\limits_{i=1}^{n}(X_i-\mu)^2$ 服从 χ^2 分布　　　　B. $2(X_n-X_i)^2$ 服从 χ^2 分布

C. $\sum\limits_{i=1}^{n}(X_i-\bar{X})^2$ 服从 χ^2 分布　　　　D. $n(\bar{X}-\mu)^2$ 服从 χ^2 分布

7.（2013）设随机变量 $X\sim t(n)$，$Y\sim F(1,n)$，给定 $\alpha(0<\alpha<0.5)$，常数 c 满足 $P\{X>c\}=\alpha$，则 $P\{Y>c^2\}=$（　　）.

A. α　　　　　　B. $1-\alpha$　　　　　　C. 2α　　　　　　D. $1-2\alpha$

8.（2002）设随机变量 X 和 Y 都服从标准正态分布，则（　　）.

A. $X+Y$ 服从正态分布　　　　　　B. X^2+Y^2 服从 χ^2 分布

C. X^2 和 Y^2 都服从 χ^2 分布　　　　D. X^2/Y^2 服从 F 分布

9. 设 X_1,X_2,X_3 是总体 $N(\mu,\sigma^2)$ 的样本，其中 μ 已知，$\sigma>0$ 未知，则下列选项中不是统计量的是（　　）.

A. $X_1+X_2+X_3$　　　B. $\max\{X_1,X_2,X_3\}$　　　C. $(X_1^2+X_2^2+X_3^2)/\sigma^2$　　　D. $X_1-\mu$

10. 设随机变量 $X\sim t(n)$，$(n>1)$，$Y=1/X^2$，则（　　）.

A. $Y\sim\chi^2(n)$　　　B. $Y\sim\chi^2(n-1)$　　　C. $Y\sim F(n,1)$　　　D. $Y\sim F(1,n)$

三、计算题

11. 设 $X_1,X_2,\cdots,X_n$ 是取自总体 X 的一组样本，在下列 3 种情况下，分别求 $E(\bar{X}),D(\bar{X}),E(S^2)$.
（1）$X\sim B(1,p)$；（2）$X\sim E(\lambda)$；（3）$X\sim R(0,2\theta)$，其中 $\theta>0$.

12. 设总体 $X\sim N(150,25^2)$，现从中抽取样本容量为 25 的样本，求 $P\{140<\bar{X}<147.5\}$.

13. 设总体 $X\sim N(\mu,\sigma^2)$，从中抽取样本 $X_1,X_2,\cdots,X_{16}$，S^2 为样本方差，计算 $P\{S^2/\sigma^2\leqslant 2.04\}$.

14.（1999）设 $X_1,X_2,\cdots,X_9$ 是来自正态总体 X 的样本，$Y_1=\dfrac{1}{6}(X_1+X_2+\cdots+X_6)$，$Y_2=\dfrac{1}{3}(X_7$ $+X_8+X_9)$，$S^2=\dfrac{1}{2}\sum\limits_{i=7}^{9}(X_i-Y_2)^2$，$Z=\dfrac{\sqrt{2}(Y_1-Y_2)}{S}$，证明统计量 Z 服从自由度为 2 的 t 分布.

7

第 7 章
参数估计

统计推断(statistical inference)是数理统计的重要组成部分,它是指在总体的分布完全未知或形式已知而参数未知的情况下,利用样本提供的信息对总体的某些统计特征进行估计或推断,从而认识总体.这是现象反映本质,也是通过对现象的观察、分析来把握本质这一哲学思想的具体体现.

统计推断问题分为参数估计和假设检验两大类.本章重点介绍参数估计,就是根据样本提供的信息对总体中的未知参数或总体的未知数字特征进行估计.参数估计的形式有两种:点估计和区间估计.点估计是区间估计和假设检验的基础.本章首先介绍点估计方法,接着讨论点估计的评价标准,最后讲述区间估计.

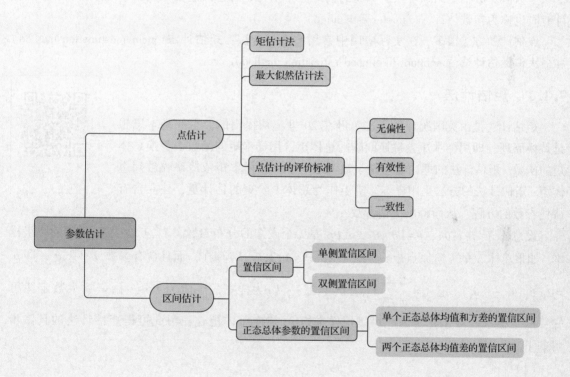

7.1　点估计

设 $X_1, X_2, \cdots, X_n$ 是总体 X 的一组样本，$x_1, x_2, \cdots, x_n$ 为相应的样本观测值．点估计（point estimation）就是利用样本 $X_1, X_2, \cdots, X_n$ 的一个统计量 $\hat{\theta}(X_1, X_2, \cdots, X_n)$ 来估计参数 θ，用它的观测值 $\hat{\theta}(x_1, x_2, \cdots, x_n)$ 作为未知参数 θ 的近似值，称 $\hat{\theta}(X_1, X_2, \cdots, X_n)$ 为 θ 的**估计量**（estimator）．相应的样本观测值 $\hat{\theta}(x_1, x_2, \cdots, x_n)$ 为 θ 的**估计值**（estimated value）．在不致混淆的情况下，估计

点估计

量与估计值都简称为**估计**（estimate），简记为 $\hat{\theta}$．由于估计量是样本的函数，对于不同的样本值，由同一个估计量得出的估计值一般是不相同的．为什么称之为点估计呢？这是因为在几何上一个数值是数轴上的一个点，用 θ 的估计值 $\hat{\theta}$ 作为 θ 的近似值就像用一个点来估计 θ，点估计有时也称为参数估计（parameter estimation）．

点估计的方法很多，在实际应用中常用的两种方法：**矩估计法**（momentestimation method）和**最大似然估计法**（maximum likelihood estimation method）．

7.1.1　矩估计法

矩估计法是由英国统计学家皮尔逊在 20 世纪初提出的，它的基本思想是替换原理，即用样本矩去替换同阶的总体矩，用样本矩的函数去替换总体矩的函数．矩估计法的理论依据是辛钦大数定律——样本矩依概率收敛到总体矩．矩估计法的方法是用样本 k 阶矩作为总体 k 阶矩的估计量，建立含有待估参数的方程，从而解出待估参数．

矩估计法

设总体 $X \sim f(x; \theta)$，$\theta = (\theta_1, \theta_2, \cdots, \theta_k)$ 是 k 个未知的分布参数，$X_1, X_2, \cdots, X_n$ 是它的一组样本．如果总体 X 的 k 阶原点矩 $\mu_i = E(X^i)$，$(i = 1, 2, \cdots, k)$ 存在，而且含有参数 $\theta_1, \cdots, \theta_k$，即 $\mu_l = \mu_l(\theta_1, \theta_2, \cdots, \theta_k)$．记 $A_l = \dfrac{1}{n} \sum\limits_{i=1}^{n} X_i^l$，$(l = 1, 2, \cdots, k)$ 为样本的 k 阶原点矩．由辛钦大数定律可知，A_l 依概率收敛于 μ_l，因此可以用样本矩 A_l 替换总体矩 μ_l，由此可得矩估计法的具体步骤如下．

（1）设

$$\begin{cases} \mu_1 = \mu_1(\theta_1, \theta_2, \cdots, \theta_k), \\ \mu_2 = \mu_2(\theta_1, \theta_2, \cdots, \theta_k), \\ \qquad\qquad\vdots \\ \mu_k = \mu_k(\theta_1, \theta_2, \cdots, \theta_k). \end{cases}$$

（2）替换

$$\begin{cases} \mu_1(\theta_1, \theta_2, \cdots, \theta_k) = A_1, \\ \mu_2(\theta_1, \theta_2, \cdots, \theta_k) = A_2, \\ \qquad\qquad\qquad\vdots \\ \mu_k(\theta_1, \theta_2, \cdots, \theta_k) = A_k. \end{cases}$$

由此得到含有参数 $\theta_1, \cdots, \theta_k$ 的 k 个方程组．

（3）解方程组，得

$$\begin{cases} \hat{\theta}_1 = \theta_1(A_1, A_2 \cdots, A_k), \\ \hat{\theta}_2 = \theta_2(A_1, A_2 \cdots, A_k), \\ \qquad\qquad \vdots \\ \hat{\theta}_k = \theta_k(A_1, A_2 \cdots, A_k), \end{cases}$$

分别作为参数 $\theta_1, \theta_2, \cdots, \theta_k$ 的估计量，称之为**矩估计量**，相应的观测值为**矩估计值**.

■**例7.1**　设总体 X 的概率密度函数为

$$f(x;\theta) = \begin{cases} (\theta+1)x^{\theta}, & 0<x<1, \\ 0, & \text{其他.} \end{cases}$$

其中 $\theta>-1$，求参数 θ 的矩估计量.

解　总体 X 的一阶原点矩

$$\mu_1 = E(X) = \int_0^1 (\theta+1)x^{\theta+1}\mathrm{d}x = \frac{\theta+1}{\theta+2}.$$

样本的一阶原点矩为 $\bar{X}$. 根据替换原理，有

$$\mu_1 = \bar{X},$$

即

$$\frac{\theta+1}{\theta+2} = \bar{X}.$$

由此解得 θ 的矩估计量 $\hat{\theta} = \dfrac{2\bar{X}-1}{1-\bar{X}}$.

■**例7.2**　设总体 X 的数学期望 μ 和方差 σ^2 都存在，μ, σ^2 均未知，且 $\sigma^2>0$，又设 $X_1, X_2, \cdots, X_n$ 是总体 X 的一组样本，求 μ 和 σ^2 的矩估计量.

解　由题设

$$\begin{cases} \mu_1 = E(X) = \mu, \\ \mu_2 = E(X^2) = D(X) + E^2(X) = \sigma^2 + \mu^2. \end{cases}$$

解上述方程，得

$$\begin{cases} \mu = \mu_1, \\ \sigma^2 = \mu_2 - \mu_1^2. \end{cases}$$

分别以 $A_1 = \bar{X}, A_2 = \dfrac{1}{n}\sum_{i=1}^{n} X_i^2$ 替换上式的 μ_1, μ_2，有方程组

$$\begin{cases} \mu = \bar{X}, \\ \sigma^2 + \mu^2 = \dfrac{1}{n}\sum_{i=1}^{n} X_i^2. \end{cases}$$

即得 μ 和 σ^2 的矩估计量分别为 $\hat{\mu} = \bar{X}, \hat{\sigma}^2 = \dfrac{1}{n}\sum_{i=1}^{n} X_i^2 - \bar{X}^2 = \dfrac{1}{n}\sum_{i=1}^{n} (X_i - \bar{X})^2$.

此例表明，无论总体 X 服从什么分布，样本均值与样本二阶中心矩都是总体均值和方差的矩估计量. 这也正是矩估计法的一个缺点，即没有充分利用分布函数的信息.

注　一般分布中有几个未知参数，就求到几阶矩.

■**例 7.3** 电话机在某一时间内接到的呼叫次数服从泊松分布 $P(\lambda)$，现观察该电话机 1 min 内接到的呼叫次数，共观察 40 次，获得数据见表 7.1，试从该数据中得到未知参数 λ 的矩估计.

表 7.1

1 min 内接到呼叫次数/次	0	1	2	3	4	5	6	7
观察次数/次	5	10	12	8	3	2	0	0

解 泊松分布 $P(\lambda)$ 的期望 $E(X)=\lambda$，用矩估计法令 $\lambda=\dfrac{1}{n}\sum_{i=1}^{n}X$，解得 $\hat{\lambda}=\overline{X}$，即 λ 的矩估计量. 由表 7.1 中数据可得其矩估计值为

$$\hat{\lambda}=\overline{x}=\frac{1}{40}(0\times5+1\times10+2\times12+\cdots+7\times0)=2(次).$$

7.1.2 最大似然估计法

由于矩估计法只需假设总体矩存在，没有充分利用总体分布提供的信息，为获得更理想的估计，需要引入最大似然估计法. 最大似然估计法是在总体分布类型已知条件下使用的一种参数估计法，首先由德国数学家高斯在 1821 年提出的，但一般将之归功于英国统计学家费希尔（Fisher），因为他在 1922 年再次提出了这种想法并证明了最大似然估计的一些性质，从而使得最大似然估计法得到广泛的应用.

最大似然估计

> **引例 1** 一个袋子里有黑白两种外形相同的球，这两种球的数量不详，只知道它们占总数的比例，一种球占 10%，另一种球占 90%. 现在从中有放回地取 2 个球，结果取得的都是白球，一种比较合理的想法是认为袋子里白球的数量较多，占总数的 90%.
>
> **引例 2** 一位体温达 39℃ 的发热患者，医生根据患者的症状，要求患者做血液检测等，再根据检测结果进行诊断，判断患者最可能得的是什么病，最后对症下药.
>
> 这就是最大似然估计法的基本思想，即在已经得到试验结果的情况下，寻找使这个结果出现可能性最大的那个值作为参数的估计值，下面具体来实现这种思想.

设 $X_1,X_2,\cdots,X_n$ 是取自总体 X 的一组样本，$x_1,x_2,\cdots,x_n$ 为样本的观测值.

如果总体 X 是离散型的，已知其分布律为 $p(x;\theta)$，θ 为未知参数，$\theta\in\Theta$. 样本 $X_1,X_2,\cdots,X_n$ 的联合分布律为

$$P\{X_1=x_1,X_2=x_2,\cdots,X_n=x_n\}=\prod_{i=1}^{n}p(x_i,\theta),$$

容易看出，当样本值 $x_1,x_2,\cdots,x_n$ 固定时，上式是参数 θ 的函数；当 θ 取固定值时，上式是事件 $\{X_1=x_1,X_2=x_2,\cdots,X_n=x_n\}$ 发生的概率，称

$$L(\theta)=L(\theta;x_1,x_2,\cdots,x_n)=\prod_{i=1}^{n}p(x_i,\theta)$$

为样本的**似然函数**. 若样本值 $x_1,x_2,\cdots,x_n$ 的函数 $\hat{\theta}=\hat{\theta}(x_1,x_2,\cdots,x_n)\in\Theta$ 满足

$$L(\hat{\theta})=\max_{\theta\in\Theta}\{L(\theta)\},$$

则称 $\hat{\theta}=\hat{\theta}(x_1,x_2,\cdots,x_n)$ 为 θ 的**最大似然估计值**，其相应的统计量 $\hat{\theta}=\hat{\theta}(X_1,X_2,\cdots,X_n)$ 称为 θ 的**最大似然估计量**.

如果总体 X 是连续型的，X 的概率密度为 $f(x;\theta)$，θ 为未知参数，$\theta\in\Theta$. 随机点 $(X_1,X_2,\cdots,X_n)$ 落在点 $(x_1,x_2,\cdots,x_n)$ 的边长为 $\Delta x_1,\Delta x_2,\cdots,\Delta x_n$ 的邻域内的概率近似为 $\prod_{i=1}^n p(x_i,\theta)\Delta x_i$. 我们寻找使 $\prod_{i=1}^n p(x_i,\theta)\Delta x_i$ 达到最大的 $\hat{\theta}=\hat{\theta}(x_1,x_2,\cdots,x_n)$. 注意到 $\prod_{i=1}^n\Delta x_i$ 与 $\prod_{i=1}^n p(x_i,\theta)\Delta x_i$ 无关，故可取样本的似然函数为

$$L(\theta)=L(\theta;x_1,x_2,\cdots,x_n)=\prod_{i=1}^n f(x_i,\theta).$$

类似地，若样本值 $x_1,x_2,\cdots,x_n$ 的函数 $\hat{\theta}=\hat{\theta}(x_1,x_2,\cdots,x_n)\in\Theta$ 满足

$$L(\hat{\theta})=\max_{\theta\in\Theta}\{L(\theta)\},$$

则称 $\hat{\theta}=\hat{\theta}(x_1,x_2,\cdots,x_n)$ 为 θ 的**最大似然估计值**，其相应的统计量 $\hat{\theta}(x_1,x_2,\cdots,x_n)$ 称为 θ 的**最大似然估计量**.

获得样本的似然函数后，为求出未知参数 θ 的最大似然估计量，可以利用微积分中求函数极值的方法. 如果 $f(x;\theta)$ 或 $p(x;\theta)$ 关于 θ 可微，由下面的似然方程

$$\frac{\mathrm{d}L(\theta)}{\mathrm{d}\theta}=0,$$

可求出 θ 的最大似然估计.

在实际应用中，由于似然函数都是多个函数的乘积，不便于求导. 注意到 $\ln x$ 是单调增函数，因此使 $\ln L(\theta)$ 取最大值的 $\hat{\theta}$，也使得 $L(\theta)$ 的值最大. 所以在求使函数 $L(\theta)$ 取最大值的 $\hat{\theta}$ 时，一般通过对数似然方程

$$\frac{\mathrm{d}\ln L(\theta)}{\mathrm{d}\theta}=0$$

来求最大值点 $\hat{\theta}$，由此求出最大似然估计 $\hat{\theta}$.

■**例 7.4**　设总体 $X\sim P(\lambda)$，$x_1,x_2,\cdots,x_n$ 为总体 X 的一组样本值，求 λ 的最大似然估计.

解　似然函数为 $L(\lambda)=\prod_{i=1}^n\dfrac{\mathrm{e}^{-\lambda}\lambda^{x_i}}{x_i!}$，

对数似然函数为

$$\ln L(\lambda)=\ln\lambda\cdot\sum_{i=1}^n x_i-n\lambda-\sum_{i=1}^n\ln(x_i!),$$

令

$$\frac{\mathrm{d}\ln L(\lambda)}{\mathrm{d}\lambda}=\frac{\sum_{i=1}^n x_i}{\lambda}-n=0,$$

求得 λ 的最大似然估计值为 $\hat{\lambda}=\dfrac{1}{n}\sum_{i=1}^n x_i=\bar{x}$，最大似然估计量为 $\hat{\lambda}=\dfrac{1}{n}\sum_{i=1}^n X_i=\bar{X}$.

例 7.5 总体 $X \sim E(\lambda)$，求 λ 的最大似然估计量.

解 总体 X 的概率密度为 $f(x,\lambda) = \begin{cases} \lambda e^{-\lambda x}, & x>0, \\ 0, & x \leq 0. \end{cases}$

似然函数为

$$L(\lambda) = \prod_{i=1}^{n} \lambda e^{-\lambda x_i} = \lambda^n e^{-\lambda \sum_{i=1}^{n} x_i}, x_i > 0.$$

对数似然函数为

$$\ln L(\lambda) = n\ln\lambda - \lambda \sum_{i=1}^{n} x_i,$$

对 λ 求导并令其为 0，得似然方程

$$\frac{d\ln L(\lambda)}{d\lambda} = \frac{n}{\lambda} - \sum_{i=1}^{n} x_i = 0,$$

解得

$$\hat{\lambda} = \frac{n}{\sum_{i=1}^{n} x_i} = \frac{1}{\bar{x}},$$

即 λ 的最大似然估计值，所以相应的 λ 的最大似然估计量为 $\hat{\lambda} = \frac{1}{\bar{X}}$.

例 7.6 总体 $X \sim N(\mu, \sigma^2)$，求 μ, σ^2 的最大似然估计量.

解 似然函数为

$$L(\mu, \sigma^2) = \frac{1}{(2\pi\sigma^2)^{\frac{n}{2}}} \exp\left\{ -\frac{1}{2\sigma^2} \sum_{i=1}^{n} (x_i - \mu)^2 \right\},$$

对数似然函数为

$$\ln L(\mu, \sigma^2) = -\frac{n}{2}\ln(2\pi) - \frac{n}{2}\ln\sigma^2 - \frac{1}{2\sigma^2} \sum_{i=1}^{n} (x_i - \mu)^2,$$

分别求关于 μ 和 σ^2 的偏导数，得对数似然方程组

$$\begin{cases} \dfrac{\partial \ln L(\mu, \sigma^2)}{\partial \mu} = \dfrac{1}{\sigma^2} \sum_{i=1}^{n} (x_i - \mu) = 0, \\ \dfrac{\partial \ln L(\mu, \sigma^2)}{\partial \sigma^2} = -\dfrac{n}{2\sigma^2} + \dfrac{1}{2\sigma^4} \sum_{i=1}^{n} (x_i - \mu)^2 = 0. \end{cases}$$

解上述方程组得 μ 和 σ^2 的最大似然估计值分别为

$$\hat{\mu} = \frac{1}{n} \sum_{i=1}^{n} x_i = \bar{x}, \quad \hat{\sigma}^2 = \frac{1}{n} \sum_{i=1}^{n} (x_i - \bar{x})^2,$$

因此 μ 和 σ^2 的最大似然估计量分别为

$$\hat{\mu} = \bar{X} \text{ 和 } \hat{\sigma}^2 = \frac{1}{n} \sum_{i=1}^{n} (X_i - \bar{X})^2.$$

最大似然估计的不变性：如果 $\hat{\theta}$ 是 θ 的最大似然估计，则对任一函数 $g(\theta)$，其最大似然估计为 $g(\hat{\theta})$.

■例 7.7　文学家萧伯纳的 *The Intelligent Woman's Guide To Socialism & Capitalism* 一书中，一个句子的单词数近似地服从对数正态分布，即 $Z = \ln X \sim N(\mu, \sigma^2)$，现从该书中随机地取 20 个句子. 这些句子的单词数分别为：52，24，15，67，15，22，63，26，16，32，7，33，28，14，7，29，10，6，59，30，求该书中一个句子的单词数的均值 $E(X) = e^{\mu + \frac{\sigma^2}{2}}$ 的最大似然估计.

解　正态分布 $N(\mu, \sigma^2)$ 的参数的最大似然估计分别为样本均值和二阶中心距，即

$$\hat{\mu} = \frac{1}{20} \sum_{i=1}^{20} \ln x_i \approx 3.0890, \quad \sigma^2 = \frac{1}{n} \sum_{i=1}^{n} (\ln x_i - 3.0890)^2 \approx 0.5081,$$

由于最大似然估计具有不变性，因而 $E(X) = e^{\mu + \frac{\sigma^2}{2}}$ 的最大似然估计为

$$\hat{E}(X) = e^{3.0890 + \frac{0.5081}{2}} \approx 28.3053,$$

即该书一个句子平均单词数在 28 个左右.

■例 7.8　设总体 X 服从 $[0, \theta]$ 上的均匀分布，$\theta > 0$，求 θ 的最大似然估计值.

解　记 $x_{(1)} = \min\limits_{1 \leqslant i \leqslant n} \{x_1, x_2, \cdots, x_n\}$，$x_{(n)} = \max\limits_{1 \leqslant i \leqslant n} \{x_1, x_2, \cdots, x_n\}$.

似然函数为 $L(\theta) = \begin{cases} \dfrac{1}{\theta^n}, & 0 < x_{(1)}, x_{(n)} < \theta, \\ 0, & \text{其他.} \end{cases}$

注意到对于 $0 < x_{(1)}, \cdots, x_{(n)} < \theta$，有 $0 < L(\theta) = \dfrac{1}{\theta^n} \leqslant \dfrac{1}{x_{(n)}^n}$.

因此，取 θ 的最大似然估计值为 $\hat{\theta} = x_{(n)}$.

通过上面这个例子可以看出，求解总体中未知参数的最大似然估计量的方法不唯一. 当似然函数不可微时，可以寻求使得 $L(\theta)$ 达到最大的解来求未知参数的最大似然估计量. 在总体分布已知的情况下，最大似然估计法是点估计最常用的方法之一，它充分利用了总体样本和分布函数表达形式所提供的信息，同时克服了矩估计法的一些不足.

点估计的方法很多，矩估计法和最大似然估计法是参数估计更为常用的方法，除此之外还有顺序统计量法、最小二乘法、贝叶斯方法等，在社会经济领域中用得较多.

矩估计法的优点是直观、简便，且在总体分布未知时也可使用. 矩估计法的缺点是若总体矩不存在时(例如柯西分布，其数学期望不存在)，矩估计法会失效；当总体的分布类型已知时，没有充分利用分布提供的信息，不能保证它的优良性. 最大似然估计法理论性强、操作简单，但要求似然函数可微. 两种方法各有千秋.

习题 7.1

1. 设 $f(x) = \begin{cases} \theta e^{-\theta x}, & x > 0, \\ 0, & x \leqslant 0, \end{cases}$　求 θ 的矩估计.

2. 设总体 $X \sim B(n, p)$，即服从参数为 n 和 p 的二项分布，$X_1, X_2, \cdots, X_n$ 为取自 X 的一组样本，试求参数 n, p 的矩估计量与最大似然估计量.

3. 设 $X_1, X_2, \cdots, X_n$ 为总体 X 的一组样本, X 的概率密度为

$$f(x;\theta) = \begin{cases} \dfrac{2x}{\theta^2}, & 0<x<\theta, \\ 0, & \text{其他}. \end{cases}$$

其中 $\theta>0$ 为未知参数,

(1) 求 θ 的矩估计量与最大似然估计量;

(2) 若 3.5, 4.2, 5.3, 4.4, 3.7, 5.8, 3.9, 4.8 为一组样本观测值, 求 θ 的矩估计值与最大似然估计值.

4. 设总体 X 服从几何分布

$$P\{X=k\} = p(1-p)^{k-1}(k=1,2,\cdots,0<p<1),$$

试利用样本值 $x_1, x_2, \cdots, x_n$, 求参数 p 的最大似然估计.

5. 设总体 X 的概率分布为

X	0	1	2	3
p	θ^2	$2\theta(1-\theta)$	θ^2	$1-2\theta$

其中 $\theta\left(0<\theta<\dfrac{1}{2}\right)$ 是未知参数, 利用总体 X 的如下样本值

$$3, \ 1, \ 3, \ 0, \ 3, \ 1, \ 2, \ 3.$$

求 θ 的矩估计值和最大似然估计值.

6. 设总体 X 的概率密度为 $f(x;\sigma) = \dfrac{1}{2\sigma}\exp\left\{-\left|\dfrac{x}{\sigma}\right|\right\}$, $\sigma>0$ 为未知参数, $X_1, X_2, \cdots, X_n$ 为总体 X 的一个样本, 求参数 σ 的最大似然估计.

7.2 点估计的评价标准

任意来自总体的样本, 都或多或少含有总体的信息, 受到总体参数的影响, 因此由样本构成的任意统计量都可以用来估计参数. 对于同一个参数, 可以有许多不同的点估计, 在这些估计中, 自然地希望挑选一个最优的点估计. 因此, 有必要建立评价估计量优劣的标准. 下面介绍几个常用的标准: 无偏性、有效性和一致性.

1. 无偏性

对于不同的样本值来说, 由估计量 $\hat{\theta} = \hat{\theta}(X_1, X_2, \cdots, X_n)$ 得出的估计值一般是不相同的, 这些估计在参数 θ 真实值的两旁随机地摆动. 要确定估计量 $\hat{\theta}$ 的好坏, 要求某一次抽样所得的估计值等于参数 θ 的真实值是没有意义的, 但我们希望 $E(\hat{\theta}) = \theta$, 这是估计量所应该具有的一种良好性质, 称之为无偏性, 它是衡量一个估计量好坏的一个标准.

定义 7.1 如果未知参数 θ 的估计量 $\hat{\theta} = \hat{\theta}(X_1, X_2, \cdots, X_n)$ 的数学期望 $E(\hat{\theta})$ 存在, 且对任意 $\theta \in \Theta$, 都有 $E(\hat{\theta}) = \theta$, 则称 $\hat{\theta}$ 是 θ 的**无偏估计**(unbiased estimate)**量**, 否则称其为**有偏估计**(biased estimate)**量**.

在科学技术中, 称 $E(\hat{\theta}) - \theta$ 是以 $\hat{\theta}$ 作为 θ 估计的系统误差. 无偏估计量的实际意义就是无系统误差.

■例 7.9 设总体 X 的 k 阶原点矩记为 $\mu_k = E(X^k)(k \geq 1)$ 存在，$X_1, X_2, \cdots, X_n$ 是总体 X 的一组样本，样本 k 阶原点矩记为 $A_k = \dfrac{1}{n}\sum_{i=1}^{n} X_i^k$，证明：$A_k$ 是 μ_k 的无偏估计量.

证明 $X_1, X_2, \cdots, X_n$ 是总体 X 的一组样本，即 $X_1, X_2, \cdots, X_n$ 与 X 同分布，因此

$$E(X_i^k) = E(X^k) = \mu_k (i = 1, 2, \cdots, n),$$

即

$$E(A_k) = \frac{1}{n}\sum_{i=1}^{n} E(X_i^k) = \mu_k.$$

所以 A_k 是 μ_k 的无偏估计量.

■例 7.10 设总体 $X \sim P(\lambda)$，$X_1, X_2, \cdots, X_n$ 是 X 的一组样本，S_n^2 为样本方差，$0 \leq \alpha \leq 1$，证明：$L = \alpha\overline{X} + (1-\alpha)S_n^2$ 是参数 λ 的无偏估计量.

证明 易见 $E(\overline{X}) = E(X) = \lambda$，$E(S_n^2) = D(X) = \lambda$，

$$\begin{aligned} E(L) &= \alpha E(\overline{X}) + (1-\alpha)E(S_n^2)\\ &= \alpha\lambda + (1-\alpha)\lambda = \lambda, \end{aligned}$$

因此，估计量 $L = \alpha\overline{X} + (1-\alpha)S_n^2$ 是 λ 的无偏估计量.

2. 有效性

同一个参数可以有多个无偏估计量，那么用哪一个更好呢？设参数 θ 有两个无偏估计量 $\hat{\theta}_1$ 和 $\hat{\theta}_2$，在样本容量 n 相同的情况下，$\hat{\theta}_1$ 的观测值集中在 θ 的真实值附近，而 $\hat{\theta}_2$ 的观测值较远离 θ 的真实值，即 $\hat{\theta}_1$ 的方差较 $\hat{\theta}_2$ 的方差小，我们认为 $\hat{\theta}_1$ 较 $\hat{\theta}_2$ 好，由此有如下定义.

定义 7.2 设 $\hat{\theta}_1 = \hat{\theta}_1(X_1, X_2, \cdots, X_n)$ 和 $\hat{\theta}_2 = \hat{\theta}_2(X_1, X_2, \cdots, X_n)$ 都是参数 θ 的无偏估计量，若对任意 $\theta \in \Theta$，都有

$$D(\hat{\theta}_1) \leq D(\hat{\theta}_2),$$

且至少存在一个 $\theta_0 \in \Theta$ 使得上式中的不等号成立，则称 $\hat{\theta}_1$ 较 $\hat{\theta}_2$ **有效**(efficiency).

■例 7.11 设 $X_1, X_2, \cdots, X_n$ 是总体 X 的一组样本，总体 X 的均值 μ 和方差 σ^2 都存在，且 $\sigma^2 > 0$，记 $\hat{\theta}_k = \dfrac{1}{k}\sum_{i=1}^{k} X_i (k = 1, 2, \cdots, n)$，易见

$$E(\hat{\theta}_k) = \frac{1}{k}\sum_{i=1}^{k} E(X_i) = \frac{1}{k} \cdot k\mu = \mu (k = 1, 2, \cdots, n).$$

因此，这些估计量都是 μ 的无偏估计量，由于

$$D(\hat{\theta}_k) = \frac{1}{k^2}\sum_{i=1}^{k} D(X_i) = \frac{1}{k^2} \cdot k\sigma^2 = \frac{\sigma^2}{k},$$

因此 $\hat{\theta}_n = \overline{X}$ 最有效.

3. 相合性(一致性)

无偏性和有效性都是在假设样本容量 n 固定的条件下讨论的. 由于估计量是样本的函数，

它依赖样本容量 n. 自然地，我们希望存在这样一个好的估计量，当 n 越来越大时，它与参数的真实值越发一致，这就是估计量的一致性或称之为**相合性**(consistency).

定义 7.3 设 $\hat{\theta}_n = \hat{\theta}_n(X_1, X_2, \cdots, X_n)$ 为参数 θ 的估计量，如果对任意 $\varepsilon > 0$，总有

$$\lim_{n \to \infty} P\{|\hat{\theta}_n - \theta| < \varepsilon\} = 1,$$

则称 $\hat{\theta}_n$ 为参数 θ 的**一致估计量**，或称 $\hat{\theta}_n$ 为参数 θ 的**相合估计量**.

■**例 7.12** 设总体 X 的均值 μ 和方差 σ^2 都存在，证明：样本均值 $\overline{X} = \dfrac{1}{n}\sum_{i=1}^{n} X_i$ 是 μ 的一致估计量.

证明 由切比雪夫大数定律可知，对任意 $\varepsilon > 0$，有

$$\lim_{n \to \infty} P\left\{ \left| \frac{1}{n}\sum_{i=1}^{n} X_i - \mu \right| < \varepsilon \right\} = 1,$$

因此 $\overline{X} = \dfrac{1}{n}\sum_{i=1}^{n} X_i$ 是 μ 的一致估计量.

■**例 7.13** 设总体 $X \sim N(\mu, \sigma^2)$，$X_1, X_2, \cdots, X_n$ 是总体 X 的一组样本，证明：样本方差 $S_n^2 = \dfrac{1}{n-1}\sum_{i=1}^{n} (X_i - \overline{X})^2$ 是 σ^2 的一致估计量.

证明 由 $\dfrac{n-1}{\sigma^2} S_n^2 \sim \chi^2(n-1)$，有

$$D\left(\frac{n-1}{\sigma^2} S_n^2 \right) = 2(n-1),$$

因此，$D(S_n^2) = \left(\dfrac{\sigma^2}{n-1} \right)^2 D\left(\dfrac{n-1}{\sigma^2} S_n^2 \right) = \dfrac{2\sigma^4}{n-1}$. 由切比雪夫不等式可知，对任意 $\varepsilon > 0$，有

$$0 \leqslant P\{|S_n^2 - E(S_n^2)| \geqslant \varepsilon\} = P\{|S_n^2 - \sigma^2| \geqslant \varepsilon\} \leqslant \frac{1}{\varepsilon^2} D(S_n^2) = \frac{2\sigma^4}{(n-1)\varepsilon^2},$$

因此

$$\lim_{n \to +\infty} P\{|S_n^2 - E(S_n^2)| \geqslant \varepsilon\} = 0.$$

注意到 $E(S_n^2) = \sigma^2$，所以有

$$\lim_{n \to +\infty} P\{|S_n^2 - \sigma^2| < \varepsilon\} = 1,$$

即 S_n^2 是 σ^2 的一致估计量.

习题 7.2

1. 设总体 $X \sim N(\mu, \sigma^2)$，$X_1, X_2, \cdots, X_n$ 是来自 X 的样本，若

$$\hat{\mu}_1 = \frac{1}{5}X_1 + \frac{3}{10}X_2 + \frac{1}{2}X_3, \quad \hat{\mu}_2 = \frac{1}{3}X_1 + \frac{1}{4}X_2 + \frac{5}{12}X_3, \quad \hat{\mu}_3 = \frac{1}{3}X_1 + \frac{1}{6}X_2 + \frac{1}{2}X_3.$$

试证：估计量 $\hat{\mu}_1, \hat{\mu}_2, \hat{\mu}_3$ 都是总体均值 μ 的无偏估计量，并指出它们中哪一个最有效.

2. 测试某气枪的速度(单位：m/s)6 次，数据如下：270，380，300，370，350，310，求速度的数学期望和方差的无偏估计量.

3. 设 $X_1, X_2, \cdots, X_n$ 是总体 $X \sim N(0, \sigma^2)$ 的一组样本，$\sigma^2 > 0$，证明：$\frac{1}{n}\sum_{i=1}^{n} X_i^2$ 是 σ^2 的相合估计量.

7.3 区间估计

参数的点估计实质是用一个估计值来估计未知参数 θ 的真实值，但估计值只是 θ 的一个近似值，它本身既没有反映这种近似的精度，又没有给出误差的范围，因此，在实际问题的应用中意义有限. 例如在一批产品中，任意取出 60 件产品，经检验有 3 件为次品，按点估计的方法，我们获得次品率 p 的一个估计值为 $\hat{p} = 0.05$，但 $\hat{p}$ 与次品率 p 的真实值是有误差的，这个误差有多大，点估计无法给予回答. 需要给出一个区间 $(\hat{p} - \Delta, \hat{p} + \Delta)$，用它来估计次品率 p 的真实值，这样就产生了误差 Δ 的大小及用区间 $(\hat{p} - \Delta, \hat{p} + \Delta)$ 估计次品率 p 真实值的可靠程度的问题. 区间估计(interval estimation)解决了上述问题，本节将介绍在区间估计理论中被广泛接受的置信区间.

7.3.1 置信区间

定义 7.4 设 $X_1, X_2, \cdots, X_n$ 是取自总体 X 的一组样本，θ 为总体分布中所含的未知参数，$\theta \in \Theta$，对于给定的数 $\alpha(0 < \alpha < 1)$，若存在两个统计量 $\underline{\theta} = \underline{\theta}(X_1, X_2, \cdots, X_n)$ 和 $\overline{\theta} = \overline{\theta}(X_1, X_2, \cdots, X_n)$，使得

$$p\{\underline{\theta} \leqslant \theta \leqslant \overline{\theta}\} = 1 - \alpha$$

则称随机区间 $[\underline{\theta}, \overline{\theta}]$ 是 θ 的置信水平为 $1 - \alpha$ 的双侧置信区间(confidence interval)，$\underline{\theta}$ 和 $\overline{\theta}$ 分别称为 θ 的**置信下限**(lower confidence limit)和**置信上限**(upper confidence limit)，称 $1 - \alpha$ 为**置信水平**(confidence level)或**置信度**.

定义 7.4 表明置信区间 $[\underline{\theta}, \overline{\theta}]$ 包含 θ 的真实值的概率为 $(1 - \alpha)$，它的两个端点是只依赖 $X_1, X_2, \cdots, X_n$ 的随机变量. 设 $x_1, x_2, \cdots, x_n$ 为一组样本值，得到一个普通的区间 $[\underline{\theta}(x_1, x_2, \cdots, x_n), \overline{\theta}(x_1, x_2, \cdots, x_n)]$，称为置信区间 $[\underline{\theta}, \overline{\theta}]$ 的观测值. 在不致引起误解的情形下，也可简称为置信区间. 对于一个试验，只有两种可能，它要么包含 θ 的真实值，要么不包含 θ 的真实值. 在多次试验中，获得许多不同的区间，根据伯努利大数定律，这些不同的区间中大约有 $100(1 - \alpha)\%$ 区间包含 θ 的真实值，而有 $100\alpha\%$ 的区间不包含 θ 的真实值.

一般采用称为枢轴变量法的方法来求未知参数 θ 的置信区间. 这种方法的关键是需要构造一个只依赖于待估参数 θ 和样本 $X_1, X_2, \cdots, X_n$ 的随机变量函数 $G = G(X_1, X_2, \cdots, X_n; \theta)$. 由该随机变量函数的分布已知，它包含待估参数，而不含任何未知参数，称为**枢轴函数**(pivot function)或**枢轴变量**(pivot variable).

下面通过一个例子说明在实际问题中构造置信区间的方法和步骤.

例 7.14 已知某品牌手机充电电池的待机时间(单位：h)$X \sim N(\mu, \sigma^2)$，其中 $\sigma = 8$，μ 未知，现从中随机抽取 9 个样品，其平均待机时间为 $\overline{x} = 57.5$ h，试求该产品的均值 μ 的置信水平为 95% 的置信区间.

解 样本均值 $\overline{X} = \frac{1}{n}\sum_{i=1}^{n} X_i$ 是未知参数 μ 的无偏估计量，且 $\overline{X} \sim N\left(\mu, \frac{\sigma^2}{n}\right)$，由此构造一个

枢轴变量 $U=\dfrac{\bar{X}-\mu}{\sigma/\sqrt{n}}$，$U\sim N(0,1)$ 且不含有任何未知参数，由标准正态分布 α 上侧分位数的定义，得

$$P\left\{-u_{\alpha/2}\leqslant\frac{\bar{X}-\mu}{\sigma/\sqrt{n}}\leqslant u_{\alpha/2}\right\}=1-\alpha,$$

于是

$$P\left\{\bar{X}-u_{\alpha/2}\frac{\sigma}{\sqrt{n}}\leqslant\mu\leqslant\bar{X}+u_{\alpha/2}\frac{\sigma}{\sqrt{n}}\right\}=1-\alpha.$$

这样就得到 μ 的置信水平为 $(1-\alpha)$ 的置信区间

$$\left[\bar{X}-u_{\alpha/2}\frac{\sigma}{\sqrt{n}},\bar{X}+u_{\alpha/2}\frac{\sigma}{\sqrt{n}}\right].$$

由已知 $\bar{x}=57.5$，$n=9$，$\sigma=8$，$1-\alpha=95\%$，$\alpha=0.05$，$u_{\alpha/2}=1.96$，计算得

$$\bar{x}-u_{\alpha/2}\frac{\sigma}{\sqrt{n}}=57.5-1.96\times\frac{8}{\sqrt{9}}\approx52.2,$$

$$\bar{x}+u_{\alpha/2}\frac{\sigma}{\sqrt{n}}=57.5+1.96\times\frac{8}{\sqrt{9}}\approx62.7,$$

所以 μ 的一个置信区间为 $[52.2,62.7]$.

从此例可以看出，寻求未知参数 θ 的置信区间的一般步骤为：

(1) 选取未知参数 θ 的一个较优的点估计 $\hat{\theta}$；

(2) 以 $\hat{\theta}$ 为基础，寻求未知参数 θ 的一个枢轴变量 $G=G(X_1,X_2,\cdots,X_n;\theta)$，$G$ 的分布已知；

(3) 对于给定的置信水平 $1-\alpha$，确定两个常数 a,b，使得

$$P\{a\leqslant G\leqslant b\}=1-\alpha.$$

a,b 可通过 $P\{G(X_1,X_2,\cdots,X_n;\theta)\leqslant a\}=P\{G(X_1,X_2,\cdots,X_n;\theta)\geqslant b\}=\alpha/2$ 确定；

(4) 对不等式 $a\leqslant G(X_1,X_2,\cdots,X_n;\theta)\leqslant b$ 做恒等变形，将其化为 $P\{\underline{\theta}\leqslant\theta\leqslant\bar{\theta}\}=1-\alpha$，得到 θ 的置信区间 $[\underline{\theta},\bar{\theta}]$.

实际上，由于正态分布应用非常广泛，因此当总体为正态分布时，通常应用正态总体的抽样分布基本定理构造枢轴变量. 这时枢轴变量的分布通常采用标准正态分布、χ^2 分布、t 分布、F 分布.

7.3.2 单个正态总体均值与方差的置信区间

正态总体是实际问题中最常见的总体之一，本节将讨论正态总体的均值与方差的置信区间. 设总体 $X\sim N(\mu,\sigma^2)$，$X_1,X_2,\cdots,X_n$ 是取自总体 X 的一组样本，置信水平为 $(1-\alpha)$，样本均值 $\bar{X}=\dfrac{1}{n}\sum_{i=1}^{n}X_i$，样本方差 $S^2=\dfrac{1}{n-1}\sum_{i=1}^{n}(X_i-\bar{X})^2$.

正态总体的
置信区间

1. 均值 μ 的置信区间

关于均值 μ 的置信区间，我们可将其分为方差 σ^2 已知和 σ^2 未知两种情形.

（1）方差 σ^2 已知，均值 μ 的置信区间。

由例 7.14 知，在方差 σ^2 已知的条件下，μ 的置信水平 $(1-\alpha)$ 为置信区间为

$$\left(\overline{X}-u_{\alpha/2}\frac{\sigma}{\sqrt{n}},\overline{X}+u_{\alpha/2}\frac{\sigma}{\sqrt{n}}\right).$$

■**例 7.15**　某商店每天每百元投资的利润率服从正态分布 $N(\mu,0.4)$，现随机抽取 5 天观测，得这 5 天的利润率为：-0.2，0.1，0.8，-0.6，0.9，求 μ 的置信水平为 0.95 的置信区间.

解　样本均值 $\overline{X}=\dfrac{1}{n}\sum\limits_{i=1}^{n}X_i$ 是 μ 的无偏估计量，已知 $\sigma^2=0.4$，由 $1-\alpha=0.95$，得 $\alpha=0.05$，查标准正态分布表得 $\mu_{0.975}=1.96$，由样本值得 $\bar{x}=0.2$，故 μ 的置信水平为 0.95 的置信区间

$$\left(\overline{X}-u_{\alpha/2}\frac{\sigma}{\sqrt{n}},\overline{X}+u_{\alpha/2}\frac{\sigma}{\sqrt{n}}\right)=\left[0.2-1.96\cdot\frac{\sqrt{0.4}}{\sqrt{5}},0.2+1.96\cdot\frac{\sqrt{0.4}}{\sqrt{5}}\right],$$

即 $[-0.354,0.754]$.

（2）方差 σ^2 未知，均值 μ 的置信区间。

这时 $U=\dfrac{\overline{X}-\mu}{\sigma/\sqrt{n}}$ 中含有未知参数 σ，因此不能作为估计 μ 的枢轴变量. 而 S^2 是 σ^2 的无偏估计量，因此，选取随机变量 $T=\dfrac{\overline{X}-\mu}{S/\sqrt{n}}$ 作为枢轴变量. 由正态总体抽样分布基本定理知 $T\sim t(n-1)$，对于给定的置信水平 $(1-\alpha)$，有

$$P\left\{-t_{\alpha/2}(n-1)\leqslant\frac{\overline{X}-\mu}{S/\sqrt{n}}\leqslant t_{\alpha/2}(n-1)\right\}=1-\alpha,$$

即

$$P\left\{\overline{X}-t_{\alpha/2}(n-1)\frac{S}{\sqrt{n}}\leqslant\mu\leqslant\overline{X}+t_{\alpha/2}(n-1)\frac{S}{\sqrt{n}}\right\}=1-\alpha,$$

因此，μ 的置信水平为 $1-\alpha$ 的置信区间为

$$\left[\overline{X}-t_{\alpha/2}(n-1)\frac{S}{\sqrt{n}},\overline{X}+t_{\alpha/2}(n-1)\frac{S}{\sqrt{n}}\right].$$

■**例 7.16**　假设轮胎的寿命 $X\sim N(\mu,\sigma^2)$，为估计它的平均寿命，现随机抽取 12 个，测得它们的寿命（单位：万千米）为

$$4.68,\ 4.85,\ 4.32,\ 4.85,\ 4.61,\ 5.02,$$
$$5.20,\ 4.60,\ 4.58,\ 4.72,\ 4.38,\ 4.70.$$

求 μ 的置信水平为 0.95 的置信区间.

解　由题设条件得 $n=12$，$\bar{x}=4.7092$，$S_{12}^2=0.0615$，$1-\alpha=95\%$，$\alpha=0.05$，查表得 $t_{0.025}(11)=2.2010$，所以 μ 的置信水平为 0.95 的置信区间为

$$\left[\bar{x}-t_{0.025}(11)\frac{S_{12}}{\sqrt{n}},\bar{x}+t_{0.025}(11)\frac{S_{12}}{\sqrt{n}}\right]=[4.5516,4.8668].$$

2. 方差 σ^2 的置信区间

关于方差 σ^2 的置信区间，我们可将其分为均值 μ 已知和 μ 未知两种情况.

（1）均值 μ 已知，方差 σ^2 的置信区间。

由于 $X_i \sim N(\mu, \sigma^2)(i=1,2,\cdots,n)$，即 $\dfrac{X_i-\mu}{\sigma} \sim N(0,1)$，因此

$$\sum_{i=1}^{n} \frac{(X_i-\mu)^2}{\sigma^2} \sim \chi^2(n).$$

选取随机变量 $\dfrac{1}{\sigma^2}\sum_{i=1}^{n}(X_i-\mu)^2$ 作为枢轴变量，对于给定的置信水平 $(1-\alpha)$，有

$$P\left\{\chi^2_{1-\alpha/2}(n) \leqslant \frac{1}{\sigma^2}\sum_{i=1}^{n}(X_i-\mu)^2 \leqslant \chi^2_{\alpha/2}(n)\right\} = 1-\alpha,$$

即

$$P\left\{\frac{\sum_{i=1}^{n}(X_i-\mu)^2}{\chi^2_{\alpha/2}(n)} \leqslant \sigma^2 \leqslant \frac{\sum_{i=1}^{n}(X_i-\mu)^2}{\chi^2_{1-\alpha/2}(n)}\right\} = 1-\alpha,$$

因此 σ^2 的置信水平为 $(1-\alpha)$ 的置信区间为

$$\left[\frac{\sum_{i=1}^{n}(X_i-\mu)^2}{\chi^2_{\alpha/2}(n)}, \frac{\sum_{i=1}^{n}(X_i-\mu)^2}{\chi^2_{1-\alpha/2}(n)}\right].$$

在实际问题中，σ^2 未知 μ 已知的情形是极为罕见的，大部分是 μ 和 σ^2 均未知的情况.

（2）均值 μ 未知，方差 σ^2 的置信区间。

由正态总体抽样分布基本定理知，$\chi^2 = \dfrac{\sum_{i=1}^{n}(X_i-\bar{X})^2}{\sigma^2} = \dfrac{(n-1)S^2}{\sigma^2} \sim \chi^2(n-1)$，选取随机变量 χ^2 作为枢轴变量，类似地，可以得到 σ^2 的置信水平为 $1-\alpha$ 的置信区间为

$$\left[\frac{(n-1)S^2}{\chi^2_{\alpha/2}(n-1)}, \frac{(n-1)S^2}{\chi^2_{1-\alpha/2}(n-1)}\right].$$

■**例7.17** 一批零件长度 $X \sim N(\mu,\sigma^2)$，从中随机抽取 10 件，测得长度（单位：mm）为

49.7，50.7，50.6，51.8，52.4，

48.6，51.1，51.0，51.5，51.2.

求这批零件长度总体方差的置信水平为 90% 的置信区间.

解 由题设条件，得 $n=10$，$\alpha=0.1$，$\bar{x}=50.9$，$(n-1)S_n^2=9S_{10}^2=10.693$，查 χ^2 分布表得，$\chi^2_{0.05}(9)=16.919$，$\chi^2_{0.95}(9)=3.325$，所以 σ^2 的置信水平为 90% 的置信区间为 $[0.632, 3.216]$.

7.3.3 两个正态总体均值差的置信区间

设 $X_1,X_2,\cdots,X_m$ 是取自总体 $X \sim N(\mu_1,\sigma_1^2)$ 的样本，$Y_1,Y_2,\cdots,Y_n$ 是取自总体 $Y \sim N(\mu_2,\sigma_2^2)$ 的样本，且两总体相互独立，$\bar{X}$，$\bar{Y}$ 分别是它们的样本均值，S_1^2,S_2^2 分别是它们的样本方差，置信水平为 $1-\alpha$.

1. σ_1^2 和 σ_2^2 已知，均值差 $\mu_1-\mu_2$ 的置信区间

由正态总体抽样分布定理可知 $U=\dfrac{\overline{X}-\overline{Y}-(\mu_1-\mu_2)}{\sqrt{\dfrac{\sigma_1^2}{m}+\dfrac{\sigma_2^2}{n}}}\sim N(0,1)$. 对于给定的置信水平 $1-\alpha$，有

$$P\left\{-u_{\alpha/2}\leqslant\frac{\overline{X}-\overline{Y}-(\mu_1-\mu_2)}{\sqrt{\dfrac{\sigma_1^2}{m}+\dfrac{\sigma_2^2}{n}}}\leqslant u_{\alpha/2}\right\}=1-\alpha,$$

即

$$P\left\{\overline{X}-\overline{Y}-u_{\alpha/2}\sqrt{\frac{\sigma_1^2}{m}+\frac{\sigma_2^2}{n}}\leqslant\mu_1-\mu_2\leqslant\overline{X}-\overline{Y}+u_{\alpha/2}\sqrt{\frac{\sigma_1^2}{m}+\frac{\sigma_2^2}{n}}\right\}=1-\alpha.$$

因此 $\mu_1-\mu_2$ 的置信水平为 $1-\alpha$ 的置信区间为

$$\left[\overline{X}-\overline{Y}-u_{\alpha/2}\sqrt{\frac{\sigma_1^2}{m}+\frac{\sigma_2^2}{n}},\overline{X}-\overline{Y}+u_{\alpha/2}\sqrt{\frac{\sigma_1^2}{m}+\frac{\sigma_2^2}{n}}\right].$$

■**例 7.18** 分别从 $X\sim N(\mu_1,4)$，$Y\sim N(\mu_2,6)$ 中独立地取出样本容量为 16 和 24 的两样本，已知 $\bar{x}=16.9$，$\bar{y}=153$，求 $\mu_1-\mu_2$ 的置信水平为 0.95 的置信区间.

解 由题设得 $m=16$，$n=24$，$\bar{x}=16.9$，$\bar{y}=153$，$1-\alpha=95\%$，$\alpha=0.05$，$\sigma_1^2=4$，$\sigma_2^2=6$，$u_{\alpha/2}=u_{0.025}=1.96$，因此 $\mu_1-\mu_2$ 的置信水平为 0.95 的置信区间为

$$\left(16.9-15.3-1.96\times\sqrt{\frac{4}{16}+\frac{6}{24}},16.9-15.3+1.96\times\sqrt{\frac{4}{16}+\frac{6}{24}}\right)\approx(0.214,2.986),$$

由此可以认为，在置信水平为 0.95 的情形下 $\mu_1>\mu_2$.

2. $\sigma_1^2=\sigma_2^2=\sigma^2$ 未知，均值差 $\mu_1-\mu_2$ 的置信区间

记 $S_w^2=\dfrac{(m-1)S_1^2+(n-1)S_2^2}{m+n-2}$，同样由两个正态总体抽样分布定理可知

$$T=\frac{\overline{X}-\overline{Y}-(\mu_1-\mu_2)}{S_w\sqrt{\dfrac{1}{m}+\dfrac{1}{n}}}\sim t(m+n-2).$$

以 T 为枢轴变量，类似可以得到 $\mu_1-\mu_2$ 的置信水平为 $1-\alpha$ 的置信区间为

$$\left[\overline{X}-\overline{Y}-kS_w\sqrt{\frac{1}{m}+\frac{1}{n}},\overline{X}-\overline{Y}+kS_w\sqrt{\frac{1}{m}+\frac{1}{n}}\right],$$

其中 $k=t_{\alpha/2}(m+n-2)$.

■**例 7.19** 为了估计磷肥对某农作物增产的作用，现选用 20 块条件大致相同的地块进行对比试验. 其中 10 块地施磷肥，另外 10 块地不施磷肥，得到单位面积的产量(单位：kg)如下.

施磷肥：620, 570, 650, 600, 630, 580, 570, 600, 600, 580.

不施磷肥：560, 590, 560, 570, 580, 570, 600, 550, 570, 550.

设施磷肥的地块的单位面积的产量 $X \sim N(\mu_1, \sigma^2)$，不施磷肥的地块的单位面积的产量 $Y \sim N(\mu_2, \sigma^2)$，求 $\mu_1 - \mu_2$ 的置信水平为 0.95 的置信区间.

解 由题设得 $m = n = 10$，$1-\alpha = 95\%$，$\alpha = 0.05$，$\bar{x} = 600$，$\bar{y} = 570$，$S_1^2 = \dfrac{6400}{9}$，$S_2^2 = \dfrac{2400}{9}$，

$$S_w^2 = \frac{(m-1)S_1^2 + (n-1)S_2^2}{m+n-2} = 22^2, \quad t_{0.025}(18) = 2.1010.$$

因此 $\mu_1 - \mu_2$ 的置信水平为 0.95 的置信区间为

$$\left(600 - 570 - 22 \times 2.1010 \times \sqrt{\frac{1}{10} + \frac{1}{10}}, 600 - 570 + 22 \times 2.1010 \times \sqrt{\frac{1}{10} + \frac{1}{10}}\right) \approx (9.23, 50.77),$$

即可以认为磷肥对此农作物增产有作用.

7.3.4 单侧置信区间

前面讨论的参数 θ 的置信区间 $[\underline{\theta}, \bar{\theta}]$ 是双侧置信区间，即有置信上限 $\bar{\theta}$ 和置信下限 $\underline{\theta}$. 有时在一些实际问题中，我们只关心参数 θ 的上限或下限，因此有必要讨论参数 θ 的单侧置信区间.

定义 7.5 设 $X_1, X_2, \cdots, X_n$ 是取自总体 X 的一组样本，θ 为总体分布中所含的未知参数，$\theta \in \Theta$. 对于给定的 $\alpha(0 < \alpha < 1)$，若存在统计量 $\underline{\theta} = \underline{\theta}(X_1, X_2, \cdots, X_n)$ 或 $\bar{\theta} = \bar{\theta}(X_1, X_2, \cdots, X_n)$，使得

$$p\{\theta \geqslant \underline{\theta}\} = 1 - \alpha$$

或

$$p\{\theta \leqslant \bar{\theta}\} = 1 - \alpha,$$

则称随机区间 $[\underline{\theta}, +\infty)$ 或 $(-\infty, \bar{\theta}]$ 是 θ 的置信水平为 $1-\alpha$ 的单侧置信区间，将 $\underline{\theta}$ 称为 θ 的单侧置信下限（将 $\bar{\theta}$ 称为 θ 的单侧置信上限）.

求参数 θ 的单侧置信区间的方法与求 θ 的置信区间的方法是类似的，只需将步骤(3)中的 $P\{a \leqslant W(X_1, X_2, \cdots, X_n; \theta) \leqslant b\} = 1 - \alpha$ 改为

$$P\{a < W(X_1, X_2, \cdots, X_n; \theta)\} = 1 - \alpha$$

或

$$P\{W(X_1, X_2, \cdots, X_n; \theta) < b\} = 1 - \alpha,$$

其中 a, b 可通过 $P\{W(X_1, X_2, \cdots, X_n; \theta) \leqslant a\} = P\{W(X_1, X_2, \cdots, X_n; \theta) \geqslant b\} = \alpha$ 确定.

■例 7.20 从一批灯泡中随机抽取 5 个做寿命试验，测得其寿命(单位：h)值为：150, 105, 125, 250, 280, 假设灯泡寿命 $T \sim N(\mu, \sigma^2)$，求 μ 的置信水平为 0.95 的单侧置信下限.

解 由题设条件得 $n = 5$，$\alpha = 0.05$，$\bar{x} = 182$，$S^2 = 6107.5$，根据 μ 的区间估计公式，置信水平为 0.95 的单侧置信下限为

$$\bar{x} - t_{0.05}(4)\frac{S}{\sqrt{n}} = 182 - 2.1318 \times \frac{\sqrt{6107.5}}{\sqrt{5}} \approx 74.5.$$

习题 7.3

1. 某车间生产滚珠，由经验知滚珠直径 $X \sim N(\mu, 0.2^2)$，现在从一批产品中随机抽取 6 个，测得直径如下：14.7，15.0，14.9，14.8，15.2，15.1，求 μ 的双侧置信水平为 0.90 的置信区间.

2. 设某电子元件的寿命（单位：h）服从正态分布 $N(\mu, \sigma^2)$，抽样检查 10 个元件，得样本均值 $\bar{x} = 1200$，样本标准差 $s = 14$，求：

(1) 总体均值 μ 置信水平为 99% 的置信区间；

(2) 用 $\bar{x}$ 作为 μ 的估计值，求绝对误差值不大于 10 的概率.

3. 设随机地调查 26 年投资的年利润率（单位:%），得样本标准差 $S_{26} = 15$，设投资的年利润率 X 服从正态分布，求它的方差的置信水平为 0.95 的置信区间.

4. 生产一个零件所需时间 X（单位：s）服从正态分布 $N(\mu, \sigma^2)$，观察 25 个零件的生产时间得 $\bar{x} = 5.5, S_{25} = 1.73$. 试求 μ 和 σ^2 的置信水平为 0.95 的置信区间.

5. 为了比较两个品牌手机电池的使用寿命 X 和 Y（单位：10^4 h），随机抽取两种电池各 10 支，测得数据 $x_1, \cdots, x_{10}$ 和 $y_1, \cdots, y_{10}$，由此算得

$$\bar{x} = 2.33, \quad \bar{y} = 0.75, \quad \sum_{i=1}^{10} (x_i - \bar{x})^2 = 27.5, \quad \sum_{i=1}^{10} (y_i - \bar{y})^2 = 19.2.$$

假定两种电池的使用寿命都服从正态分布，且由生产过程知道它们的方差相同. 试求两个总体均值差 $\mu_1 - \mu_2$ 的双侧置信水平为 0.95 的置信区间.

6. 为考虑某种香烟的尼古丁含量（单位：mg），抽取了 10 支香烟并测得尼古丁的平均含量 $\bar{x} = 0.25$，设该香烟尼古丁含量服从正态分布 $N(\mu, 2.25)$，求 μ 的单侧置信水平为 0.95 的置信上限.

 阅读材料

经典统计与贝叶斯统计

经典统计与贝叶斯统计是数理统计领域的两大主要学派. 20 世纪下半叶，经典统计在工、农、医、经济、军事等领域获得广泛的应用，这些应用促进了经典统计的发展，同时也暴露了经典统计的缺陷，如经典统计中区间估计的求解方法粗糙等，为了解决这些问题，贝叶斯统计应运而生，随着决策理论与信息理论的发展，贝叶斯统计得以进一步完善，如今在一些实际应用领域中，尤其是在社会科学、经济商业活动、经济军事决策中，贝叶斯统计被广泛应用，大有与经典统计"平分天下之势". 贝叶斯统计的基本观点：利用总体信息、样本信息以及先验信息做统计推断. 贝叶斯统计认为，任一未知参数都带有一些不确定性，故可以将其看成一个随机变量. 例如，考察某厂每天的废品率 p，从当天看 p 是一个单纯的未知数，但从长期看，每天都有一个 p 值，它因随机因素的作用每日波动，用一个分布来描述这个波动是合理的，因此认为废品率是一个随机变量.

经典统计所涉及的内容如参数估计、假设检验、线性回归等，贝叶斯统计都可用以从自身的理论出发导出相应的结论.

第 7 章总习题

一、填空题

1. 若一组样本的观测值为 0, 0, 1, 1, 0, 1, 则总体均值的矩估计值为＿＿＿＿＿, 总体方差的矩估计值为＿＿＿＿＿.

2. 总体 $X \sim N(\mu, \sigma^2)$, 则 μ 的矩估计为＿＿＿＿, 最大似然估计为＿＿＿＿; σ^2 的矩估计为＿＿＿＿, 最大似然估计为＿＿＿＿.

3. (2003) 已知一批零件的长度 $X(\text{cm})$ 服从正态分布 $N(\mu, 1)$, 从中随机抽取 16 个零件, 得到长度的平均值为 40, 则 μ 的置信水平为 0.95 的置信区间是＿＿＿＿.

4. (2014) 设总体 X 的概率密度为 $f(x, \theta) = \begin{cases} \dfrac{2x}{3\theta^2}, & \theta < x < 2\theta, \\ \theta, & \text{其他,} \end{cases}$ 其中 θ 为未知参数, $X_1, X_2, \cdots,$ X_n 为来自总体 X 的简单随机变量, 若 $c \sum_{i=1}^{\infty} X_i^2$ 是 θ^2 的无偏估计量, 则 $c = $ ＿＿＿＿.

5. (2016) 设 $x_1, x_2, \cdots, x_n$ 为来自总体 $N(\mu, \sigma^2)$ 的样本, 样本均值 $\bar{x} = 9.5$, 参数 μ 的置信水平为 0.95 的双侧置信区间的置信上限为 10.8, 则 μ 的置信水平为 0.95 的双侧置信区间为＿＿＿＿.

二、选择题

6. (2005) 设一批零件的长度服从正态分布 $N(\mu, \sigma^2)$, 其中 μ, σ^2 均未知. 现从中随机抽取 16 个零件, 测得样本均值 $\bar{x} = 20$ cm, 样本标准差 $s = 1$ cm, 则 μ 的置信水平为 0.90 的置信区间是( ).

A. $\left[20 - \dfrac{1}{4}t_{0.05}(16), 20 + \dfrac{1}{4}t_{0.05}(16)\right]$ B. $\left[20 - \dfrac{1}{4}t_{0.1}(16), 20 + \dfrac{1}{4}t_{0.1}(16)\right]$

C. $\left[20 - \dfrac{1}{4}t_{0.05}(15), 20 + \dfrac{1}{4}t_{0.05}(15)\right]$ D. $\left[20 - \dfrac{1}{4}t_{0.1}(15), 20 + \dfrac{1}{4}t_{0.1}(15)\right]$

7. 设 $X_1, X_2, \cdots, X_n$ 为总体 $X \sim N(\mu, \sigma^2)$ 的一组样本, σ 已知, 当置信水平 $1-\alpha$ 不变时, 提高样本容量, 置信区间将( ).

A. 变长   B. 变短   C. 不变   D. 不定

8. 设 $X_1, X_2, \cdots, X_n$ 为总体 X 的一组样本, 则下列 4 组统计量作为总体均值的无偏估计值最有效的是( ).

A. $\dfrac{1}{3}X_1 + \dfrac{1}{3}X_2 + \dfrac{1}{3}X_3$ B. $\dfrac{1}{2}X_1 + \dfrac{1}{6}X_2 + \dfrac{1}{3}X_3$ C. $\dfrac{1}{2}X_1 + \dfrac{1}{4}X_2 + \dfrac{1}{4}X_3$ D. $2X_1 + X_2 - X_3$

9. 设总体 $X \sim U(0, \theta)$, $\theta > 0$ 且为未知参数, $X_1, X_2, \cdots, X_n$ 为总体 X 的一组样本, 则 θ 的最大似然估计量为( ).

A. $\max(X_1, X_2, \cdots, X_n)$ B. $\min(X_1, X_2, \cdots, X_n)$

C. $\bar{X} = \dfrac{1}{n}\sum_{i=1}^{n} X_i$ D. $\dfrac{1}{n}\sum_{i=1}^{n} X_i^2$

10. 设总体 $X \sim N(\mu, 4)$, 样本均值为 $\bar{x}$, 要使得总体均值 μ 的置信水平为 0.95 的置信区间为 $[\bar{X} - 0.560, \bar{X} + 0.560]$, 样本容量(样本观测次数) n 必须等于( ).

A. 48   B. 49   C. 50   D. 51

三、计算题

11. 某网页在一段时间内的点击次数服从参数为 λ 的泊松分布, 抽查 1 min 内的点击次数, 共抽查 40 次, 得到如下数据:

每分钟点击次数/次	0	1	2	3	4	5	6	7
抽查次数/次	5	10	12	8	3	2	0	0

求泊松分布中未知参数 λ 的矩估计值.

12. 设总体 X 的期望 $E(X)$，方差 $D(X)$ 均存在，X_1，X_2 是 X 的两个样本，试证明统计量

$$(1)\varphi_1=\frac{1}{4}X_1+\frac{3}{4}X_2; \qquad (2)\varphi_2=\frac{3}{8}X_1+\frac{5}{8}X_2$$

都是 $E(X)$ 的无偏估计量，并说明哪个较有效?

13. 有一大批糖果，现从中随机地选取 16 袋，称得重量(单位：g)如下

$$506，508，499，503，504，510，497，512，$$
$$514，505，493，496，506，502，509，496.$$

设袋装糖果的重量近似地服从正态分布，试求总体均值 μ 的置信水平为 0.95 的置信区间.

14. 概率密度为 $f(x)=\begin{cases}\lambda^2 x\mathrm{e}^{-\lambda x}, & x>0, \\ 0, & 其他,\end{cases}$ 其中 $\lambda>0$ 且为未知参数，$X_1,X_2,\cdots,X_n$ 为总体 X 的样本，求 λ 的矩估计量和最大似然估计量.

15. (2015)设总体 X 的概率密度为 $f(x,\theta)=\begin{cases}\dfrac{1}{1-\theta}, & \theta\leqslant x\leqslant 1, \\ 0, & 其他,\end{cases}$ 其中 θ 为未知参数，$x_1,x_2,\cdots,x_n$ 为来自该总体的样本，(1)求 θ 的矩估计量；(2)求 θ 的最大似然估计量.

16. (2016)设总体 X 的概率密度为 $f(x;\theta)=\begin{cases}\dfrac{3x^2}{\theta^3}, & 0<x<\theta, \\ 0, & 其他,\end{cases}$ 其中 $\theta\in(0,+\infty)$ 为未知参数，X_1,X_2,X_3 为来自总体 X 的样本，$T=\max\{X_1,X_2,X_3\}$.

(1)求 T 的概率密度；

(2)确定 a，使得 aT 为 θ 的无偏估计量.

17. (2017)某工程师为了解一台天平的精度，用该天平对一物体进行 n 次测量，该物体的质量 μ 是已知的. 设 n 次测量结果 $X_1,X_2,\cdots,X_n$ 相互独立且服从正态分布 $N(\mu,\sigma^2)$，该工程师记录的是 n 次测量的绝对误差 $Z_i=|X_i-\mu|(i=1,2,\cdots,n)$，利用 $Z_1,Z_2,\cdots,Z_n$ 估计 σ，(1)求 Z_i 的概率密度；(2)利用一阶矩求 σ 的矩估计量；(3)求 σ 的最大似然估计量.

18. (2018)设总体 X 的概率密度为 $f(x,\sigma)=\dfrac{1}{2\sigma}\mathrm{e}^{-\frac{|x|}{\sigma}}(-\infty<x<+\infty)$，其中 $\sigma\in(0,+\infty)$ 为未知参数，$X_1,X_2,\cdots,X_n$ 为来自总体 X 的样本，记 σ 的最大似然估计量为 $\hat{\sigma}$，(1)求 $\hat{\sigma}$；(2)求 $E(\hat{\sigma})$ 和 $D(\hat{\sigma})$.

19. (2019)设总体 X 的概率密度为 $f(x,\sigma^2)=\begin{cases}\dfrac{A}{\sigma}\mathrm{e}^{-\frac{(x-\mu)^2}{2\sigma^2}}, & x\geqslant\mu, \\ 0, & x<\mu,\end{cases}$ $X_1,X_2,\cdots,X_n$ 为来自总体 X 的样本，(1)求 A 的值；(2)求 σ^2 的最大似然估计量.

20. (2020)设某元件使用寿命 T 的分布函数 $F(t)=m\begin{cases}1-\mathrm{e}^{-(\frac{t}{\theta})^m}, & t\geqslant 0, \\ 0, & 其他,\end{cases}$ 其中 θ,m 为参数且大于零，(1)求概率 $P\{T>t\}$ 与 $P\{T>s+t\,|\,T>s\}$，其中 $s>0,t>0$；(2)设取 n 个这样的元件做使用寿命试验，测得使用寿命 $t_1,t_2,\cdots,t_n$，其中 m 已知，求 θ 的最大似然估计值.

第 8 章
假设检验

第 7 章我们已经讨论了统计推断中的参数估计，在实际应用中，人们不仅需要通过样本去估计总体的未知参数，还会遇到另一种统计推断——假设检验，即根据样本对总体的某些"假设"进行拒绝或接受的一种判断方法. 假设检验是应用极为广泛的一种统计推断方法，几乎所有的统计应用都要用到假设检验，而且假设检验的方法同参数估计有着密切联系. 本章主要介绍假设检验的基本概念和基本原理，以及在正态总体下，对总体期望和方差的假设检验.

思维导图

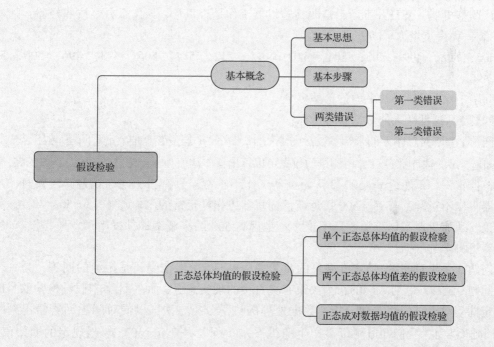

基本概念 —— 基本思想

基本概念 —— 基本步骤

基本概念 —— 两类错误 —— 第一类错误

两类错误 —— 第二类错误

假设检验

正态总体均值的假设检验 —— 单个正态总体均值的假设检验

正态总体均值的假设检验 —— 两个正态总体均值差的假设检验

正态总体均值的假设检验 —— 正态成对数据均值的假设检验

8.1 假设检验的基本概念

设总体分布类型已知，我们要对分布参数的值做出一定的推断或猜测，这就是假设检验（hypothesis testing），而对假设检验需要做出是与否的回答，为此需要抽取样本或者做试验，根据样本或者试验的结果，按照一定的判断规则，对所提出的假设做出接受或者拒绝的判断，以上的过程我们称之为假设检验. 那么，如何提出假设？按照什么原理进行检验？怎样做判断？下面一一进行介绍.

8.1.1 问题的提出

■**例 8.1** 有一种袋装糖果包装机，包装好的袋装糖果的重量（单位：g）设为总体 X，X 服从方差为 $\sigma^2 = 8^2$ 的正态分布 $N(\mu, \sigma^2)$，机器工作正常时，期望值 $\mu = 500$. 当 $\mu \neq 500$ 时，则应该调整机器，某日开工后，需要检验机器工作是否正常，该怎么办？按照经验，随机抽取 16 袋，称得重量为

506，508，499，503，504，510，497，512，514，505，493，496，506，502，509，496.

问题 1：这批糖果的平均重量是多少？

问题 2：这批糖果的重量是否达标？

问题 1 要求对总体 X 的未知参数 μ 的点估计，回答"μ 是多少？"是个定量问题. 根据点估计的方法知道，μ 的估计量 $\hat{\mu} = \overline{X}$，由测量的数据可以算出样本均值为 $\overline{x} = 503.75$，所以 $\hat{\mu} = 503.75$.

根据常识，不能说 $\overline{x} \neq 500$ 就认为机器工作不正常，只有当 $\overline{x}$ 与 500 差异较大时，才认为机器工作不正常，若 $\overline{x}$ 与 500 接近就认为机器工作是正常的. 本例测得 $\overline{x} = 503.75$，该如何下定论？认为机器工作正常还是不正常？是远离 500 的小概率事件发生了，还是没有发生？应该有更科学的依据.

问题 2 要求对假设："这批糖果的重量是否达标"做出接受还是拒绝的回答，是一个定性的问题. 定性问题对人们的行为决策有更直接的现实意义，而统计学中假设检验的目的就是为定性问题提供一套数据分析、数据处理的科学分析方法，以便对问题回答给出判断准则. 回到例 8.1，我们知道测量会产生随机误差，所以尽管 $\hat{\mu} = 503.75$ 与规定的期望值 $\mu = 500$ 有偏差，我们也不能简单地认定这批糖果不合格，必须要有更科学的方法才能做出合理的判断，这样的方法在统计学里称为"假设检验"，下面我们介绍假设检验的思想和步骤等.

8.1.2 假设检验的思想

由以上的讨论可知，我们检验的目的是解决"如何利用抽查得到的样本去检验糖果的平均重量是否为 500？"这一问题所以应该找到一个含有 $\overline{X}$ 和 500，使 $\overline{X}$ 的取值与 500 可以进行比较的样本函数，且其分布已知，这样的样本函数称为**检验统计量**.

包装好的袋装糖果的重量 $X \sim N(\mu, \sigma^2)$，则 $\dfrac{\overline{X} - \mu}{\sigma/\sqrt{n}} \sim N(0,1)$，但 μ 不一定等于 500，不能说

$\dfrac{\overline{X} - 500}{\sigma/\sqrt{n}} \sim N(0,1)$.

类似反证法：假设 $\mu = 500$，则 $\dfrac{\overline{X} - 500}{\sigma / \sqrt{n}} \sim N(0,1)$. 但是如果 $\overline{X}$ 的取值远离 500，即 $\dfrac{\overline{X} - 500}{\sigma / \sqrt{n}}$ 的取值远离 0，远到属于小概率事件，根据实际推断原理，则认为假设不成立，从而认为 $\mu \neq 500$. 如果结论与假设不矛盾，即 $\overline{X}$ 的取值与 $\mu = 500$ 这一假设没有显著性矛盾，则没有理由拒绝假设，于是接受假设，认为 $\mu = 500$. 这也是将这一检验方法称作"假设检验"的原因.

8.1.3 假设检验的方法

检验内容：对正态总体 $X \sim N(\mu, \sigma^2)$，方差 $\sigma = 8$ 已知，由样本均值 $\overline{X}$ 的观测值 $\bar{x} = 503.75$，去检验总体均值 μ 是否等于 $\mu_0 = 500$.

(1)提出**原假设**(根据需要而设立的假设)$H_0: \mu = \mu_0$，及与原假设对立的**备择假设** $H_1: \mu \neq \mu_0$(当原假设被拒绝后而接受的假设).

原假设通常应该是受到保护的，没有充足的证据是不能被拒绝(维持原样!)的. 备择假设可能是我们真正感兴趣的，作为做检验的人，你所希望的结果被表达在备择假设中.

一旦建立了原假设和备择假设，我们将在原假设正确的前提下进行工作，直到有充分的证据拒绝它. 这就像审判，被告被假定是无罪的，直至找到充分的证据来证明其无罪是完全不可信的(无罪推定). 统计学家费希尔是这样解释的：有一个命题，称之为"原假设"，其含义是所关心的效应不存在. 设计试验的唯一目的是寻求否定原假设的证据. 费希尔强调，原假设不能被证明，只能被否定.

(2)选择适当的检验统计量，例 8.1 中，选择 $U = \dfrac{\overline{X} - \mu}{\sigma / \sqrt{n}}$，当 $\mu = \mu_0$ 时，$U = \dfrac{\overline{X} - \mu}{\sigma / \sqrt{n}} \sim N(0,1)$.

(3)确定当 $\mu = \mu_0$ 时，不该发生的 $\overline{X}$ 取值远离 μ_0 的小概率事件，即 $|U| = \left| \dfrac{\overline{X} - \mu}{\sigma / \sqrt{n}} \right|$ 的取值远离 0 的小概率事件，称为**拒绝域**(reject domain)或者**否定域**(negative field). 这个小概率是人为给定的，本书用 α 表示，称其为**显著性水平**.

在例 8.1 中，给定显著性水平 $\alpha = 0.1$，应该确定一个数 k，使得

$$P(|U| \geqslant k) = 0.1.$$

由标准正态分布的对称性，即

$$P(U \geqslant k) = 0.05.$$

由 α 上侧分位数的定义知，$k = u_{0.05} = 1.645$，即 $P(|U| \geqslant 1.645) = 0.1$.

所以 $|U| \geqslant u_{0.05} = 1.645$ 就是不该发生的 $\overline{X}$ 取值远离 μ_0 的概率为 0.1 的小概率事件，称 $|U| \geqslant u_{0.05} = 1.645$ 为原假设 H_0 的拒绝域，可用字母 R 来表示，即 $R = \{|U| \geqslant u_{0.05} = 1.645\}$，如图 8.1(a)所示.

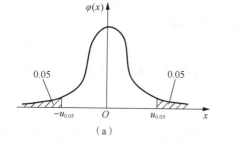
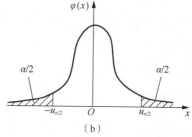

图 8.1

对于一般的显著性水平 α，拒绝域为 $R = \left\{ |U| = \left| \dfrac{\overline{X} - \mu_0}{\sigma / \sqrt{n}} \right| \geqslant u_{\frac{\alpha}{2}} \right\}$，其中 $u_{\frac{\alpha}{2}}$ 为标准正态分布的

$\dfrac{\alpha}{2}$ 上侧分位数，如图 8.1(b)所示.

（4）把抽样得到的 $\overline{X}$ 的观测值 $\bar{x}$，代入 $|u| = \left| \dfrac{\bar{x} - \mu_0}{\sigma / \sqrt{n}} \right|$，计算得到 U 的观测值 u，再通过查表

得到 $u_{\frac{\alpha}{2}}$ 的值，做出判断：如果 $|u|$ 落在了拒绝域 R 中，即一般不该发生的小概率事件发生了，

则拒绝原假设 H_0，接受备择假设 H_1；否则，如果 $|u|$ 没有落在拒绝域 R 中，即 $\left| \dfrac{\bar{x} - \mu_0}{\sigma / \sqrt{n}} \right| < u_{\frac{\alpha}{2}}$，

就没有理由拒绝原假设 H_0，则接受 H_0.

本例中把 $\bar{x} = 503.75$ 代入之后，$|u| = \left| \dfrac{503.75 - 500}{8/4} \right| = 1.875 > 1.645$，在拒绝域中，从而做

出判断：拒绝 H_0，认为总体期望 μ 与 500 有显著性差异.

在实际应用中，常见的有以下几种假设检验问题.

（1）双边检验 $H_0: \theta = \theta_0$，$H_1: \theta \neq \theta_0$.

（2）左边检验 $H_0: \theta \geqslant \theta_0$，$H_1: \theta < \theta_0$.

（3）右边检验 $H_0: \theta \leqslant \theta_0$，$H_1: \theta > \theta_0$.

在假设检验中，总是在原假设 $H_0: \mu = \mu_0$ 成立的条件下构造检验统计量，因此上述检验问题中，等号永远出现在 H_0 中. 所给的显著性水平 α，是在 H_0 成立时，不该发生的事件的概率，即 $|U|$ 值发生在拒绝域的概率. H_0 的拒绝域，是 H_1 的接受域. 方差已知，检验 μ，选择的检验统计量 U 服从标准正态分布，通常称作 U 检验.

8.1.4 假设检验的步骤

上面叙述的检验方法具有普遍意义，可用在各种各样的假设检验问题上，由此我们归纳出假设检验的一般步骤.

（1）建立假设.

根据题意合理地建立原假设 H_0 和备择假设 H_1，如
$$H_0: \theta = \theta_0, \ H_1: \theta \neq \theta_0.$$

（2）选取检验统计量.

选择适当的检验统计量 U，要求在 H_0 为真时，统计量 U 的分布已知.

（3）确定拒绝域.

按照显著性水平 α，由统计量 U 确定一个合理的拒绝域.

（4）做出判断.

由样本值，计算出统计量 U 的观测值 u，若 u 落在拒绝域内，则拒绝 H_0，否则接受 H_0.

8.1.5 两类错误

假设检验的推理方法是根据"小概率原理"进行判断的一种反证法. 但是，小概率事件在一次试验中几乎不发生并不是绝对不发生，只是发生的可能性很小而已. 由此可见，无论做出拒

绝原假设还是接受原假设的判断，都有可能犯错误.

当原假设 H_0 为真时，却拒绝了 H_0，称为犯了 **弃真** 错误，该错误也被称为 **第一类错误**，显然犯第一类错误的概率恰为显著性水平 α.

当原假设 H_0 为假时，却不拒绝 H_0，而是接受了 H_0，称为犯了 **取伪** 错误，该错误也被称为 **第二类错误**，将犯第二类错误的概率记为 β，其计算通常比较复杂.

两类错误是互相关联的，当样本容量固定时，一类错误概率的减小会导致另一类错误概率的增大. 因为原假设 H_0 比较重要，所以通常采取如下方法：固定犯第一类错误的概率 α，通过增加样本容量来减小犯第二类错误的概率 β.

显著性水平是事先选定的，通常取 $\alpha = 0.1, 0.05, 0.01$. 根据以往的经验，如果非常相信原假设是真的，而犯第二类错误又不会造成大的影响或后果，此时 α 值就可以取得小一些. 如果第二类错误带来的影响较大，需要严格控制犯第二类错误的概率，此时 α 值可以取适当大一些.

■**例 8.2** 设总体 X 服从正态分布 $N(\mu, 1^2)$，$X_1, X_2, \cdots, X_n$ 是取自总体 X 的样本，对于检验假设

$$H_0: \mu = 0, \quad H_1: \mu = \mu_1 (\mu_1 > 0).$$

已知拒绝域为 $\overline{X} > 0.98$，问此检验犯第一类错误的概率是多少？若 $\mu_1 = 1$，则犯第二类错误的概率是多少？

解 已知犯第一类错误的概率就是显著性水平 α，即

$$\alpha = P\{拒绝 H_0 \mid H_0 \text{ 为真}\} = P\{\overline{X} > 0.98 \mid \mu = 0\}.$$

由于 $\mu = 0$ 时，$\overline{X} \sim N(0, 1/4)$，所以

$$\alpha = P\{\overline{X} > 0.98\} = 1 - P\{\overline{X} \leq 0.98\} = 1 - \Phi\left(\frac{0.98 - 0}{1/2}\right) = 1 - \Phi(1.96) = 0.025.$$

犯第二类错误的概率为

$$\beta = P\{接受 H_0 \mid H_0 \text{ 不真}\} = P\{接受 H_0 \mid H_1 \text{ 为真}\} = P\{\overline{X} \leq 0.98 \mid \mu = \mu_1\}.$$

由于 $\mu = \mu_1 = 1$，此时 $\overline{X} \sim N(1, 1/4)$，所以

$$\beta = P\{\overline{X} \leq 0.98\} = \Phi\left(\frac{0.98 - 1}{1/2}\right) = \Phi(-0.04) = 0.484.$$

习题 8.1

1. 在一个假设检验问题中，当检验最终结果是接受 H_1 时，可能犯什么错误？在一个假设检验问题中，当检验最终结果是拒绝 H_1 时，可能犯什么错误？

2. 某盒装饼干，其包装上的广告称每盒质量为 269 g，但顾客投诉，该饼干质量不足 269 g，为此质检部门从准备出厂的一批盒装饼干中随机抽取 30 盒，由测得的 30 个质量数据算出样本均值 $\bar{x} = 268$. 假设盒装饼干质量 $X \sim N(\mu, 4)$.

(1) 写出检验所用的检验统计量，并指出其分布律；

（2）以显著性水平 $\alpha = 0.05$ 检验该产品广告是否真实？

3. 若上述习题 2 中盒装饼干质量 $X \sim N(\mu, \sigma^2)$，μ 和 σ^2 均未知，已知样本均值 $\bar{x} = 268$，样本标准差 $s = 1.8$，求解相同的问题.

8.2 正态总体均值的假设检验

8.2.1 单个正态总体均值的假设检验

设总体 $X \sim N(\mu, \sigma^2)$，$X_1, X_2, \cdots, X_n$ 为样本，$x_1, x_2, \cdots, x_n$ 为样本观测值.

1. σ^2 已知时，关于 μ 的检验（U 检验法）

首先，注意到 $\bar{X}$ 是 μ 的最大似然估计，所以可用 $\bar{X}$ 近似代替 μ 的真实值. 不管是双边还是左（右）边检验的原假设 H_0 中，都取 $\mu = \mu_0$，由正态总体抽样分布基本定理知

$$U = \frac{\bar{X} - \mu}{\sigma / \sqrt{n}} \sim N(0,1)，$$

所以选 U 为检验统计量，即采用 U 检验法. 在显著性水平为 α 时，例 8.1 给出了检验 $H_0: \mu = \mu_0$，$H_1: \mu \neq \mu_0$ 的拒绝域为 $R = \left\{ \left| \frac{\bar{X} - \mu_0}{\sigma / \sqrt{n}} \right| \geq u_{\frac{\alpha}{2}} \right\} \bar{X} - \mu_0$.

对于 $H_0: \mu \leq \mu_0$，$H_1: \mu > \mu_0$，如果 U 偏大，以至于比某个特定值都大的小概率事件都发生了，则应该接受 $H_1: \mu > \mu_0$，从而拒绝 $H_0: \mu \leq \mu_0$. 注意到 $U = \frac{\bar{X} - \mu}{\sigma / \sqrt{n}}$ 偏大等价于 $\bar{X} - \mu_0$ 偏大，所以拒绝域的具体形式为 $R = \left\{ \frac{\bar{X} - \mu_0}{\sigma / \sqrt{n}} > k \right\}$，

其中 k 满足条件

$$P\left(\frac{\bar{X} - \mu_0}{\sigma / \sqrt{n}} \geq k \ \bigg| \ H_0 \right) = \alpha.$$

因此，$k = u_\alpha$，由此得到拒绝域

$$R = \left\{ \frac{\bar{X} - \mu_0}{\sigma / \sqrt{n}} > u_\alpha \right\}.$$

对于 $H_0: \mu \geq \mu_0$，$H_1: \mu < \mu_0$ 的情况也可以应用类似方法得到假设检验的拒绝域. 为了应用方便，我们把这几种情形的假设检验拒绝域总结为表 8.1（正态总体方差 σ^2 已知时，均值 μ 的水平 α 检验）.

表 8.1

原假设	备择假设	统计量及其分布	拒绝域
$\mu = \mu_0$	$\mu \neq \mu_0$	$U = \dfrac{\bar{X} - \mu}{\sigma / \sqrt{n}} \sim N(0,1)$	$R = \left\{ \|U\| = \left\| \dfrac{\bar{X} - \mu_0}{\sigma / \sqrt{n}} \right\| > u_{\frac{\alpha}{2}} \right\}$
$\mu \leq \mu_0$	$\mu > \mu_0$		$R = \left\{ U = \dfrac{\bar{X} - \mu_0}{\sigma / \sqrt{n}} > u_\alpha \right\}$

续表

原假设	备择假设	统计量及其分布	拒绝域
$\mu \geqslant \mu_0$	$\mu < \mu_0$	$U = \dfrac{\overline{X} - \mu}{\sigma/\sqrt{n}} \sim N(0,1)$	$R = \left\{ U = \dfrac{\overline{X} - \mu_0}{\sigma/\sqrt{n}} < -u_\alpha \right\}$

■**例 8.3**　有一种元件，要求其寿命不得低于 1000 h. 现从一批这种元件中随机抽取 25 件，测得其平均寿命为 950 h. 已知该种元件的寿命服从标准差为 $\sigma = 100$ 的正态分布 $N(\mu, \sigma^2)$，试在显著性水平 $\alpha = 0.05$ 下确定这批元件是否合格？

解　由题意知，要检验的假设为 $H_0: \mu \geqslant 1000$，$H_1: \mu < 1000$，

构造检验统计量 $U = \dfrac{\overline{X} - 1000}{\sigma/\sqrt{n}} \sim N(0,1)$，

拒绝域为 $R = \left\{ U = \dfrac{\overline{X} - 1000}{\sigma/\sqrt{n}} < -u_{1-\alpha} \right\}$.

代入观测值 $\bar{x} = 950$，得 $u = \dfrac{950 - 1000}{100/\sqrt{25}} = -2.5$，查表得 $u_{0.05} = 1.645$，显然 $-2.5 < -1.645$，所以拒绝 $H_0: \mu \geqslant 1000$，即认为这批元件不合格.

2. σ^2 未知时，关于 μ 的检验（t 检验法）

与 σ^2 已知的情况不同，在 σ^2 未知时，$U = \dfrac{\overline{X} - \mu}{\sigma/\sqrt{n}}$ 不能作为未知参数 μ 的检验统计量. 在原假设 H_0 下 $\mu = \mu_0$，由于样本方差 $S^2 = \dfrac{1}{n-1}\sum_{i=1}^{n}(X_i - \overline{X})^2$ 是总体方差 σ^2 的无偏估计量，因此，以 S 代替 σ 可得检验统计量 $T = \dfrac{\overline{X} - \mu_0}{S/\sqrt{n}}$，根据第 6 章中正态总体抽样分布基本定理知

$$T = \frac{\overline{X} - \mu_0}{S/\sqrt{n}} \sim t(n-1),$$

这种检验方法称为 t 检验法. 下面以左边检验 $H_0: \mu \geqslant \mu_0$，$H_1: \mu < \mu_0$ 为例，具体说明拒绝域的求解方法.

用 μ 的估计量 $\overline{X}$ 近似代替 μ，针对备择假设 $H_1: \mu < \mu_0$，如果 $\overline{X} - \mu_0$ 很小，以至于比一个特定负值都小的小概率事件都发生了，则应该接受 H_1，从而拒绝原假设 H_0. 注意到 $\overline{X} - \mu_0$ 偏小等价于 $\dfrac{\overline{X} - \mu_0}{S/\sqrt{n}}$ 偏小，所以拒绝域的形式为

$$R = \left\{ T = \frac{\overline{X} - \mu_0}{S/\sqrt{n}} < -k \right\},$$

其中 $-k$ 是满足条件

$$P\left(T = \frac{\overline{X} - \mu_0}{S/\sqrt{n}} < -k \,\middle|\, H_0 \right) = \alpha$$

的一个负数，即

$$P\left(T=\frac{\overline{X}-\mu_0}{S/\sqrt{n}}\geqslant -k\ \bigg|\ H_0\right)=1-\alpha,$$

因为 $T=\dfrac{\overline{X}-\mu_0}{S/\sqrt{n}}\sim t(n-1)$，所以 $-k=t_{1-\alpha}(n-1)$，由 t 分布的上侧分位数的性质知

$$k=-t_{1-\alpha}(n-1)=t_\alpha(n-1),$$

从而拒绝域为

$$R=\left\{T=\frac{\overline{X}-\mu_0}{S/\sqrt{n}}<-t_\alpha(n-1)\right\}.$$

利用类似方法也可以得到其他检验类型的拒绝域. σ^2 未知时，关于均值 μ 的假设检验结果如表 8.2 所示（正态总体方差 σ^2 未知时，均值 μ 的水平 α 检验）.

表 8.2

原假设	备择假设	统计量及其分布	拒绝域
$\mu=\mu_0$	$\mu\neq\mu_0$	$T=\dfrac{\overline{X}-\mu_0}{S/\sqrt{n}}\sim t(n-1)$	$R=\left\{\left\|\dfrac{\overline{X}-\mu_0}{S/\sqrt{n}}\right\|>t_{\frac{\alpha}{2}}(n-1)\right\}$
$\mu\leqslant\mu_0$	$\mu>\mu_0$		$R=\left\{\dfrac{\overline{X}-\mu_0}{S/\sqrt{n}}>t_\alpha(n-1)\right\}$
$\mu\geqslant\mu_0$	$\mu<\mu_0$		$R=\left\{\dfrac{\overline{X}-\mu_0}{S/\sqrt{n}}<-t_\alpha(n-1)\right\}$

■例 8.4 某厂生产乐器用合金弦线，其抗拉强度（单位：kg/cm²）服从均值为 10560 的正态分布. 现从一批产品中抽取 10 根，测得其抗拉强度为

10512，10623，10668，10554，10776，10707，10557，10581，10666，10670.

问这批产品的抗拉强度有无显著变化（$\alpha=0.05$）?

解 由题意知，要检验的假设为 H_0：$\mu=10560$，H_1：$\mu\neq10560$.

构造检验统计量 $T=\dfrac{\overline{X}-10560}{S/\sqrt{n}}\sim t(n-1)$.

得拒绝域 $\left\{|T|=\left|\dfrac{\overline{X}-10560}{S/\sqrt{n}}\right|\geqslant t_{\frac{\alpha}{2}}(n-1)\right\}$.

代入观测值计算得 $T=2.788$，因为 $T=2.788>2.262=t_{0.025}(9)$，所以拒绝 H_0，认为这批产品的抗拉强度有显著变化.

注 若取 $\alpha=0.01$，查表得 $t_{0.005}(9)=3.25$，于是 $|T|=2.788<3.25$，接受 H_0，认为这批产品的抗拉强度没有显著变化. 所以在不同显著性水平下，可能会有不一样的检验结果.

8.2.2 两个独立正态总体均值差的假设检验

对两个独立的正态总体 $X\sim N(\mu_1,\sigma_1^2)$，$Y\sim N(\mu_2,\sigma_2^2)$，设 $X_1,X_2,\cdots,X_m$ 和 $Y_1,Y_2,\cdots,Y_n$ 是分别取自总体 X 和 Y 的样本.

1. 两个正态总体方差 σ_1^2,σ_2^2 已知时，两个均值差 $\mu_1-\mu_2$ 的检验（U 检验法）

在原假设 H_0 下 $\mu_1=\mu_2$，根据第 6 章介绍的两个正态总体抽样分布定理有

$$U = \frac{(\bar{X}-\bar{Y})-(\mu_1-\mu_2)}{\sqrt{\dfrac{\sigma_1^2}{m}+\dfrac{\sigma_2^2}{n}}} \sim N(0,1),$$

因此选择 $U = \dfrac{(\bar{X}-\bar{Y})-(\mu_1-\mu_2)}{\sqrt{\dfrac{\sigma_1^2}{m}+\dfrac{\sigma_2^2}{n}}}$ 作为检验统计量. 这种检验方法称为 U 检验法. 根据检验类型,

可以得到相应的拒绝域如表 8.3 所示(方差 σ_1^2,σ_2^2 已知时,均值差 $\mu_1-\mu_2$ 的水平 α 检验).

表 8.3

原假设	备择假设	统计量及其分布	拒绝域
$\mu_1=\mu_2$	$\mu_1\neq\mu_2$		$R=\{\|U\|>u_{\frac{\alpha}{2}}\}$
$\mu_1\leqslant\mu_2$	$\mu_1>\mu_2$	$U=\dfrac{(\bar{X}-\bar{Y})-(\mu_1-\mu_2)}{\sqrt{\dfrac{\sigma_1^2}{m}+\dfrac{\sigma_2^2}{n}}}\sim N(0,1)$	$R=\{U>u_\alpha\}$
$\mu_1\geqslant\mu_2$	$\mu_1<\mu_2$		$R=\{U<u_\alpha\}$

■例 8.5 在某种制造过程中需要比较两种钢板的强度(单位:GPa):一种是冷轧钢板,另一种是双面镀锌钢板. 现从冷轧钢板中抽取 20 个样品,测得强度的均值为 $\bar{x}=20.5$;从双面镀锌钢板中抽取 25 个样品,测得强度的均值为 $\bar{y}=23.9$. 设两种钢板的强度都服从正态分布,其方差分别为 $\sigma_1^2=2.8^2$,$\sigma_2^2=3.5^2$. 问两种钢板的平均强度是否有显著差异($\alpha=0.01$)?

解 由题意知,要检验的假设为 $H_0:\mu_1=\mu_2$,$H_1:\mu_1\neq\mu_2$.

构造检验统计量 $U = \dfrac{(\bar{X}-\bar{Y})-(\mu_1-\mu_2)}{\sqrt{\dfrac{\sigma_1^2}{m}+\dfrac{\sigma_2^2}{n}}} \sim N(0,1)$.

当 H_0 为真时,检验统计量为 $U = \dfrac{\bar{X}-\bar{Y}}{\sqrt{\dfrac{\sigma_1^2}{m}+\dfrac{\sigma_2^2}{n}}}$.

所以拒绝域为 $\left\{|U|=\dfrac{|\bar{X}-\bar{Y}|}{\sqrt{\dfrac{\sigma_1^2}{m}+\dfrac{\sigma_2^2}{n}}}>u_{\frac{\alpha}{2}}\right\}$.

代入观测值计算得 $|U|=3.62$. 查表得 $u_{0.005}=2.58$,因为 $u_{0.005}=2.58<3.62=|U|$,所以拒绝 H_0,即认为两种钢板的平均强度有显著差异.

2. 两个正态总体方差 $\sigma_1^2=\sigma_2^2=\sigma^2$ 未知时,两个均值差 $\mu_1-\mu_2$ 的检验(t 检验法)

记 $S_w^2 = \dfrac{(m-1)S_1^2+(n-1)S_2^2}{m+n-2}$,在原假设 H_0 下 $\mu_1=\mu_2$,根据第 6 章介绍的两个正态总体抽样分布定理有

$$T = \frac{(\bar{X}-\bar{Y})-(\mu_1-\mu_2)}{S_w\sqrt{\dfrac{1}{m}+\dfrac{1}{n}}} \sim t(m+n-2),$$

因此选择 $T = \dfrac{(\bar{X}-\bar{Y})-(\mu_1-\mu_2)}{S_w\sqrt{\dfrac{1}{m}+\dfrac{1}{n}}}$ 作为检验统计量. 这种检验方法称为 t 检验法. 根据检验类型,

可以得到相应的拒绝域如表 8.4 所示(方差 $\sigma_1^2=\sigma_2^2=\sigma^2$ 未知时均值差 $\mu_1-\mu_2$ 的水平 α 检验).

表 8.4

原假设	备择假设	统计量及其分布	拒绝域
$\mu_1=\mu_2$	$\mu_1\neq\mu_2$	$T=\dfrac{(\bar{X}-\bar{Y})-(\mu_1-\mu_2)}{S_w\sqrt{\dfrac{1}{m}+\dfrac{1}{n}}}\sim t(m+n-2)$	$R=\{|T|>t_{\frac{\alpha}{2}}(m+n-2)\}$
$\mu_1\leqslant\mu_2$	$\mu_1>\mu_2$		$R=\{T>t_\alpha(m+n-2)\}$
$\mu_1\geqslant\mu_2$	$\mu_1<\mu_2$		$R=\{T<-t_\alpha(m+n-2)\}$

■**例 8.6** 在平炉上进行一项试验以确定改变操作方法的建议是否会提高钢的得率. 试验是在同一个平炉上进行的. 每炼一炉钢时除操作方法外,其他条件都尽可能做到相同. 先用原来的操作方法炼一炉,然后用建议的新操作方法炼一炉,以后交替进行,各炼了 10 炉,其得率分别如下.

(1)原来的操作方法:78.1,72.4,76.2,74.3,77.4,78.4,76.0,75.5,76.5,77.3.

(2)新操作方法:79.1,81.0,77.3,79.1,80.0,79.1,79.1,77.3,80.2,82.1.

设这两个样本相互独立,且分别来自正态总体 $N(\mu_1,\sigma^2)$ 和 $N(\mu_2,\sigma^2)$,μ_1,μ_2,σ^2 均未知. 问建议的新操作方法是否能提高钢的得率($\alpha=0.05$)?

解 由题意知,要检验的假设为 $H_0:\mu_1\geqslant\mu_2$,$H_1:\mu_1<\mu_2$.

当 H_0 为真时,检验统计量为 $T=\dfrac{\bar{X}-\bar{Y}}{S_w\sqrt{\dfrac{1}{m}+\dfrac{1}{n}}}\sim t(m+n-2)$.

得拒绝域为 $\left\{T=\dfrac{\bar{x}-\bar{y}}{s_w\sqrt{\dfrac{1}{m}+\dfrac{1}{n}}}\leqslant -t_\alpha(m+n-2)\right\}$.

代入观测值:$T=-4.295<-t_{0.05}(18)=-1.7341$. 拒绝 H_0,认为建议的新操作方法使钢的得率较原来的操作方法有显著提高.

8.2.3 正态成对数据均值的假设检验

■**例 8.7** 某减肥训练班声称参加此班的肥胖者,体重平均可减少 17 斤以上. 现抽取 10 名学员,数据如下.

训练前:189,202,220,207,…,233.

训练后:170,179,203,192,…,204.

(差:19,23,17,15,…,29.)

问在 $\alpha=0.05$ 水平下,检验结果是否支持其广告宣传?

分析： 差 $D \sim N(\mu_D, \sigma_D^2)$（$\sigma_D^2$ 未知），属单个正态总体均值的检验. 此类问题的特点：数据来自非独立的两个总体（或同一总体），数据是成对的，要检验的是均值差.

解 由题意知，要检验的假设为 $H_0: \mu_D \leq 17$，$H_1: \mu_D > 17$.

构造检验统计量 $T = \dfrac{\overline{D} - 17}{S/\sqrt{n}} \sim t(n-1)$.

得拒绝域 $\{T > t_\alpha(n-1)\}$.

代入观测值得 $T = 1.94 > 1.833 = t_{0.05}(9)$. 现有数据不足以拒绝 H_0，可以认为检验结果支持其广告宣传.

习题 8.2

1. 监测站对某条河流的溶解氧（DO）浓度（单位：mg/L）记录了 30 个数据，并由此算得 $\bar{x} = 2.52$，$s = 2.05$，已知这条河流每日的 DO 浓度服从 $N(\mu, \sigma^2)$，试在显著性水平 $\alpha = 0.05$ 下，检验假设 $H_0: \mu \geq 2.7$，$H_1: \mu < 2.7$.

2. 从某厂生产的电子元件中随机地抽取了 25 个做使用寿命（单位：h）测试，得数据：x_1, $\cdots$, x_{25}，并由此算得 $\bar{x} = 100$，$\sum_{i=1}^{25} x_i^2 = 4.9 \times 10^5$，已知这种电子元件的使用寿命服从 $N(\mu, \sigma^2)$，且出厂标准为 90 h 以上，试在显著性水平 $\alpha = 0.05$ 下，检验该厂生产的电子元件是否符合出厂标准，即检验假设 $H_0: \mu \leq 90$，$H_1: \mu > 90$.

3. 一卷烟厂向化验室送去 A, B 两种烟草，化验尼古丁的含量是否相同，从 A, B 中各随机抽取质量相同的 5 例进行化验，测得尼古丁的含量如下.

$$A: 24, 27, 26, 21, 24. \quad B: 27, 28, 23, 31, 26.$$

假设尼古丁含量服从正态分布，且 A 种烟草中其方差为 5，B 种烟草中其方差为 8，取显著性水平 $\alpha = 0.05$，问两种烟草的尼古丁含量是否有差异？

4. 某印刷厂旧机器每周开工成本（单位：元）服从正态分布 $N(100, 25^2)$，现安装一台新机器，观测到 9 周的周开工成本的样本均值 $\bar{x} = 75$，假定标准差 σ 不变，试检验每周开工平均成本是否为 100 元的假设.

5. 某纤维的强力 $X \sim N(\mu, 1.19^2)$，原设计的平均强力为 6 g，现在改进工艺后，测得 100 个强力数据，其样本均值为 $\bar{x} = 6.35$，总体标准差假定不变. 试问工艺改进后，强力是否有显著提高（取 $\alpha = 0.05$）.

8.3 正态总体方差的假设检验

对于单个正态总体方差 σ^2 的检验，主要讨论总体均值 μ 未知和已知两种情况. 由于不管是哪种检验类型，在原假设 H_0 下都认为 $\sigma^2 = \sigma_0^2$ 已知，根据第 6 章中正态总体抽样分布定理，在 μ 未知时

$$\frac{(n-1)S^2}{\sigma_0^2} = \frac{1}{\sigma_0^2} \sum_{i=1}^{n} (X_i - \overline{X})^2 \sim \chi^2(n-1),$$

因此选择 $\chi^2 = \dfrac{(n-1)S^2}{\sigma_0^2}$ 作为检验统计量. 这种检验方法称为 χ^2 检验法, 根据检验类型可以得到相应的拒绝域. 下边以右边检验 H_0: $\sigma^2 \leqslant \sigma_0^2$, H_1: $\sigma^2 > \sigma_0^2$ 为例来说明得到拒绝域的具体方法.

选择 σ^2 的无偏估计量 S^2 来近似代替 σ^2. 针对备择假设 H_1: $\sigma^2 > \sigma_0^2$, 如果 $\dfrac{S^2}{\sigma_0^2}$ 比 1 大很多, 以至于比一个特定正值都大的小概率事件都发生了, 则应该接受 H_1, 从而拒绝原假设 H_0, 注意到当样本容量 $n>1$ 时, $\dfrac{S^2}{\sigma_0^2}>1$ 等价于 $\dfrac{(n-1)S^2}{\sigma_0^2}>n-1$, 所以拒绝域的形式为

$$R = \left\{ \frac{(n-1)S^2}{\sigma_0^2} > k \right\},$$

其中 k 是满足条件

$$P\left\{ \frac{(n-1)S^2}{\sigma_0^2} > k \,\middle|\, H_0 \right\} = \alpha$$

的一个正数. 由于 $\dfrac{(n-1)S^2}{\sigma_0^2} \sim \chi^2(n-1)$, 结合上侧分位数的定义知 $k = \chi_\alpha^2(n-1)$, 所以拒绝域为

$$R = \left\{ \chi^2 = \frac{(n-1)S^2}{\sigma_0^2} > \chi_\alpha^2(n-1) \right\}.$$

其他检验也可以得到相应的拒绝域, 如表 8.5 所示 (均值 μ 未知时, 方差 σ^2 的水平 α 检验).

表 8.5

原假设	备择假设	统计量及其分布	拒绝域
$\sigma^2 = \sigma_0^2$	$\sigma^2 \neq \sigma_0^2$		$\{\chi^2 > \chi_{\frac{\alpha}{2}}^2(n-1)\} \cup \{\chi^2 < \chi_{1-\frac{\alpha}{2}}^2(n-1)\}$
$\sigma^2 \leqslant \sigma_0^2$	$\sigma^2 > \sigma_0^2$	$\chi^2 = \dfrac{(n-1)S^2}{\sigma_0^2} \sim \chi^2(n-1)$	$\{\chi^2 > \chi_\alpha^2(n-1)\}$
$\sigma^2 \geqslant \sigma_0^2$	$\sigma^2 < \sigma_0^2$		$\{\chi^2 < \chi_{1-\alpha}^2(n-1)\}$

在 μ 已知时, 注意到 $\dfrac{1}{\sigma_0^2}\sum\limits_{i=1}^{n}(X_i-\mu)^2 \sim \chi^2(n)$, 一般选择 $\dfrac{1}{\sigma_0^2}\sum\limits_{i=1}^{n}(X_i-\mu)^2$ 作为检验统计量. 这种检验方法也称为 χ^2 检验法, 根据检验类型可以得到相应的拒绝域, 如表 8.6 所示 (均值 μ 已知时, 方差 σ^2 的水平 α 检验).

表 8.6

原假设	备择假设	统计量及其分布	拒绝域
$\sigma^2 = \sigma_0^2$	$\sigma^2 \neq \sigma_0^2$		$\{\chi^2 > \chi_{\frac{\alpha}{2}}^2(n)\} \cup \{\chi^2 < \chi_{1-\frac{\alpha}{2}}^2(n)\}$
$\sigma^2 \leqslant \sigma_0^2$	$\sigma^2 > \sigma_0^2$	$\chi^2 = \dfrac{1}{\sigma_0^2}\sum\limits_{i=1}^{n}(X_i-\mu)^2 \sim \chi^2(n)$	$\{\chi^2 > \chi_\alpha^2(n)\}$
$\sigma^2 \geqslant \sigma_0^2$	$\sigma^2 < \sigma_0^2$		$\{\chi^2 < \chi_{1-\alpha}^2(n)\}$

例 8.8 某类钢板的重量指标一般服从正态分布，其制造规格规定钢板重量的方差不得超过 $\sigma_0^2 = 0.016$. 现在从某天生产的钢板中随机抽取 25 块，样本方差 $s^2 = 0.025$，问该天生产的钢板是否符合规格（$\alpha = 0.01$）？

解 由题意知，要检验的假设为 $H_0 : \sigma^2 \leqslant \sigma_0^2 = 0.016$，$H_1 : \sigma^2 > \sigma_0^2$.

构造检验统计量 $\chi^2 = \dfrac{(n-1)S^2}{\sigma_0^2} \sim \chi^2(n-1)$.

得拒绝域 $\left\{ \chi^2 = \dfrac{(n-1)S^2}{\sigma_0^2} > \chi_{1-\alpha}^2(n-1) \right\}$.

代入观测值 $\chi^2 = 37.5 < 42.98 = \chi_{0.01}^2(24)$. 接受 H_0，认为该天生产的钢板符合规格.

 阅读材料

抽样检验

抽样检验又称抽样检查，是从一批产品中随机抽取少量产品（样本）进行检验，据以判断该批产品是否合格的统计方法和理论. 它与全面检验的不同之处在于，全面检验需对整批产品逐个进行检验，把其中的不合格品拣出来，而抽样检验则根据样本中的产品的检验结果来推断整批产品的质量. 如果推断结果认为该批产品符合预先规定的合格标准，就予以接收，否则就拒收. 所以，经过抽样检验认为合格的一批产品中，还可能含有一些不合格品. 主要的抽样方法包括简单随机抽样、系统抽样和分层抽样 3 种.

第 8 章总习题

1. (2018) 设总体 $X \sim N(\mu, \sigma^2)$，$X_1, X_2, \cdots, X_n$ 是取自总体 X 的简单随机样本，据此样本检验假设 $H_0 : \mu = \mu_0$，$H_1 : \mu \neq \mu_0$，若显著性水平为 α，则（ ）.

　A. 如果在 $\alpha = 0.05$ 下拒绝 H_0，那么在 $\alpha = 0.01$ 下必拒绝 H_0

　B. 如果在 $\alpha = 0.05$ 下拒绝 H_0，那么在 $\alpha = 0.01$ 下必接受 H_0

　C. 如果在 $\alpha = 0.05$ 下接受 H_0，那么在 $\alpha = 0.01$ 下必拒绝 H_0

　D. 如果在 $\alpha = 0.05$ 下接受 H_0，那么在 $\alpha = 0.01$ 下必接受 H_0

2. 设 $X_1, X_2, \cdots, X_n$ 是取自正态总体 $X \sim N(\mu, \sigma^2)$ 的一组样本，其中 σ^2 未知，检验假设 $H_0 : \mu = \mu_0$，$H_1 : \mu \neq \mu_0$，应选取的统计量是（ ）.

　A. $T = \dfrac{\overline{X} - \mu_0}{S/\sqrt{n}}$ 　　B. $U = \dfrac{\overline{X} - \mu_0}{\sigma/\sqrt{n}}$ 　　C. $T = \dfrac{\overline{X} - \mu_0}{S/\sqrt{n-1}}$ 　　D. $T = \dfrac{(n-1)S^2}{\sigma^2}$

3. 设 $X_1, X_2, \cdots, X_n$ 是取自正态总体 $X \sim N(\mu, \sigma^2)$ 的一组样本，其中 σ^2 已知，检验假设 $H_0 : \mu \geqslant \mu_0$，$H_1 : \mu < \mu_0$，在显著性水平为 α 下，拒绝域为（ ）.

　A. $T < -t_\alpha(n-1)$ 　B. $|U| > u_{\alpha/2}$ 　　C. $U > u_\alpha$ 　　　D. $U < -u_\alpha$

4. 在假设检验中若 H_0 表示原假设，H_1 表示备择假设，则犯第二类错误的是（ ）.

　A. H_1 不真，接受 H_1 　　　　　　　B. H_1 不真，接受 H_0

　C. H_0 不真，接受 H_1 　　　　　　　D. H_1 为真，接受 H_0

5. 设 $X_1, X_2, \cdots, X_n$ 是取自正态总体 $X \sim N(\mu, \sigma^2)$ 的一组样本, 检验假设 H_0: $\sigma^2 = \sigma_0^2$, H_1: $\sigma^2 \neq \sigma_0^2$, 则选取的统计量和分布为(   ).

A. $\dfrac{\sum\limits_{i=1}^{n}(X_i-\mu)^2}{\sigma_0^2} \sim \chi^2(n)$

B. $\dfrac{\sum\limits_{i=1}^{n}(X_i-\mu)^2}{\sigma_0^2} \sim \chi^2(n-1)$

C. $\dfrac{\sum\limits_{i=1}^{n}(X_i-\bar{X})^2}{\sigma_0^2} \sim \chi^2(n-1)$

D. $\dfrac{(n-1)S^2}{\sigma_0^2} \sim \chi^2(n)$

6. 设 $X_1, X_2, \cdots, X_n$ 是取自正态总体 $X \sim N(\mu, \sigma^2)$ 的一组样本, 其中参数 σ^2 未知, 已知 $\bar{X} = \dfrac{1}{n}\sum\limits_{i=1}^{n}X_i$ 为样本均值, $S^2 = \dfrac{1}{n-1}\sum\limits_{i=1}^{n}(X_i-\bar{X})^2$ 为样本方差, 则检验假设 H_0: $\mu = 0$ 时, 使用的统计量为(   ).

A. $T = \dfrac{\bar{X}}{S/\sqrt{n}}$ B. $T = \dfrac{\bar{X}}{\sigma/\sqrt{n}}$ C. $T = \dfrac{\bar{X}}{S/\sqrt{n-1}}$ D. $T = \dfrac{(n-1)S^2}{\sigma^2}$

7. 对检验假设 H_0: $\mu = \mu_0$, H_1: $\mu \neq \mu_0$, 若给定显著性水平 $\alpha = 0.05$, 则该检验犯第一类错误的概率为_____.

8. 用两种不同方法冶炼的某种金属材料, 分别取样测定某种杂质的含量, 所得数据如下(单位为万分率).

原方法(X): 26.9, 25.7, 22.3, 26.8, 27.2, 24.5, 22.8, 23.0, 24.2, 26.4, 30.5, 29.5, 25.1.

新方法(Y): 22.6, 22.5, 20.6, 23.5, 24.3, 21.9, 20.6, 23.2, 23.4.

假设这两种方法冶炼时杂质含量均服从正态分布, 且方差相同, 问这两种方法冶炼时杂质的平均含量有无显著差异? 取显著性水平为 $\alpha = 0.05$.

9. 随机地从一批外径为 1 cm 的钢珠中抽取 10 只, 测试其屈服强度, 得数据 $x_1, \cdots, x_{10}$, 并由此算得 $\bar{x} = 2200, s = 220$, 已知钢珠的屈服强度服从正态分布 $N(\mu, \sigma^2)$, 在显著性水平 $\alpha = 0.05$ 下分别检验:

(1) H_0: $\mu \leq 2000$, H_1: $\mu > 2000$;

(2) H_0: $\sigma^2 \leq 200^2$, H_1: $\sigma^2 > 200^2$.

10. 某厂铸造车间为提高缸体的耐磨性而试制了一种镍合金铸件以取代一种铜合金铸件, 现从两种铸件中各抽一个样本进行硬度测试, 其结果如下.

镍合金铸件(X): 72.0, 69.5, 74.0, 70.5, 71.8.

铜合金铸件(Y): 69.8, 70.0, 72.0, 68.5, 73.0, 70.0.

根据以往经验知硬度 $X \sim N(\mu_1, \sigma_1^2)$, $Y \sim N(\mu_2, \sigma_2^2)$, 且 $\sigma_1^2 = \sigma_2^2 = 2$, 试在显著性水平 $\alpha = 0.05$ 下比较镍合金铸件硬度有无显著提高.

11. 随机地挑选20位失眠者分别服用甲、乙二种安眠药, 记录他们的睡眠延长时间(单位: h), 算得 $\bar{x} = 4.04$, $s_1 = 0.001$, $\bar{y} = 4$, $s_2 = 0.004$, 问: 能否认为甲药的疗效显著地高于乙药? 假定甲、乙二种安眠药的延长睡眠时间均服从正态分布, 且方差相等, 取显著性水平 $\alpha = 0.05$.

12. 某供货商声称他们提供的金属线的质量非常稳定, 其抗拉强度的方差为 9, 为了检测抗拉强度, 在该种金属线中随机抽取 10 根, 测得样本标准差 $s = 4.5$, 设该种金属线的抗拉强度服从正态分布 $N(\mu, \sigma^2)$, 若显著性水平为 $\alpha = 0.01$, 问: 是否可以相信该供货商的说法?

泊松分布表

$$P\{X \leqslant x\} = \sum_{k=0}^{x} \frac{\lambda^k e^{-\lambda}}{k!}$$

x	λ								
	0.1	0.2	0.3	0.4	0.5	0.6	0.7	0.8	0.9
0	0.904 8	0.818 7	0.740 8	0.673 0	0.606 5	0.548 8	0.496 6	0.449 3	0.406 6
1	0.995 3	0.982 5	0.963 1	0.938 4	0.909 8	0.878 1	0.844 2	0.808 8	0.772 5
2	0.999 8	0.998 9	0.996 4	0.992 1	0.985 6	0.976 9	0.965 9	0.952 6	0.937 1
3	1.000 0	0.999 9	0.999 7	0.999 2	0.998 2	0.996 6	0.994 2	0.990 9	0.986 5
4		1.000 0	1.000 0	0.999 9	0.999 8	0.999 6	0.999 2	0.998 6	0.997 7
5				1.000 0	1.000 0	1.000 0	0.999 9	0.999 8	0.999 7
6							1.000 0	1.000 0	1.000 0

x	λ								
	1	1.5	2	2.5	3	3.5	4	4.5	5
0	0.367 9	0.223 1	0.135 3	0.082 1	0.049 8	0.030 2	0.018 3	0.011 1	0.006 7
1	0.735 8	0.557 8	0.406 0	0.287 3	0.199 1	0.135 9	0.091 6	0.061 1	0.040 4
2	0.919 7	0.808 8	0.676 7	0.543 8	0.423 2	0.320 8	0.238 1	0.173 6	0.124 7
3	0.981 0	0.934 4	0.857 1	0.757 6	0.647 2	0.536 6	0.433 5	0.342 3	0.265 0
4	0.996 3	0.981 4	0.947 3	0.891 2	0.815 3	0.725 4	0.628 8	0.532 1	0.440 5
5	0.999 4	0.995 5	0.983 4	0.958 0	0.916 1	0.857 6	0.785 1	0.702 9	0.616 0
6	0.999 9	0.999 1	0.995 5	0.985 8	0.966 5	0.934 7	0.889 3	0.831 1	0.762 2
7	1.000 0	0.999 8	0.998 9	0.995 8	0.988 1	0.973 3	0.948 9	0.913 4	0.866 6
8		1.000 0	0.999 8	0.998 9	0.996 2	0.990 1	0.978 6	0.959 7	0.931 9
9			1.000 0	0.999 7	0.998 9	0.996 7	0.991 9	0.982 9	0.968 2
10				0.999 9	0.999 7	0.999 0	0.997 2	0.993 3	0.986 3
11				1.000 0	0.999 9	0.999 7	0.999 1	0.997 6	0.994 5
12					1.000 0	0.999 9	0.999 7	0.999 2	0.998 0

标准正态分布表

$$\Phi(x) = \int_{-\infty}^{x} \frac{1}{\sqrt{2\pi}} e^{-\frac{t^2}{2}} dt$$

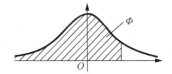

x	0	0.01	0.02	0.03	0.04	0.05	0.06	0.07	0.08	0.09
0	0.500 0	0.504 0	0.508 0	0.512 0	0.516 0	0.519 9	0.523 9	0.527 9	0.531 9	0.535 9
0.1	0.539 8	0.543 8	0.547 8	0.551 7	0.555 7	0.559 6	0.563 6	0.567 5	0.571 4	0.575 3
0.2	0.579 3	0.583 2	0.587 1	0.591 0	0.594 8	0.598 7	0.602 6	0.606 4	0.610 3	0.614 1
0.3	0.617 9	0.621 7	0.625 5	0.629 3	0.633 1	0.636 8	0.640 6	0.644 3	0.648 0	0.651 7
0.4	0.655 4	0.659 1	0.662 8	0.666 4	0.670 0	0.673 6	0.677 2	0.680 8	0.684 4	0.687 9
0.5	0.691 5	0.695 0	0.698 5	0.701 9	0.705 4	0.708 8	0.712 3	0.715 7	0.719 0	0.722 4
0.6	0.725 7	0.729 1	0.732 4	0.735 7	0.738 9	0.742 2	0.745 4	0.748 6	0.751 7	0.754 9
0.7	0.758 0	0.761 1	0.764 2	0.767 3	0.770 4	0.773 4	0.776 4	0.779 4	0.782 3	0.785 2
0.8	0.788 1	0.791 0	0.793 9	0.796 7	0.799 5	0.802 3	0.805 1	0.807 8	0.810 6	0.813 3
0.9	0.815 9	0.818 6	0.821 2	0.823 8	0.826 4	0.828 9	0.831 5	0.834 0	0.836 5	0.838 9
1	0.841 3	0.843 8	0.846 1	0.848 5	0.850 8	0.853 1	0.855 4	0.857 7	0.859 9	0.862 1
1.1	0.864 3	0.866 5	0.868 6	0.870 8	0.872 9	0.874 9	0.877 0	0.879 0	0.881 0	0.883 0
1.2	0.884 9	0.886 9	0.888 8	0.890 7	0.892 5	0.894 4	0.896 2	0.898 0	0.899 7	0.901 5
1.3	0.903 2	0.904 9	0.906 6	0.908 2	0.909 9	0.911 5	0.913 1	0.914 7	0.916 2	0.917 7
1.4	0.919 2	0.920 7	0.922 2	0.923 6	0.925 1	0.926 5	0.927 8	0.929 2	0.930 6	0.931 9
1.5	0.933 2	0.934 5	0.935 7	0.937 0	0.938 2	0.939 4	0.940 6	0.941 8	0.942 9	0.944 1
1.6	0.945 2	0.946 3	0.947 4	0.948 4	0.949 5	0.950 5	0.951 5	0.952 5	0.953 5	0.954 5
1.7	0.955 4	0.956 4	0.957 3	0.958 2	0.959 1	0.959 9	0.960 8	0.961 6	0.962 5	0.963 3
1.8	0.964 1	0.964 9	0.965 6	0.966 4	0.967 1	0.967 8	0.968 6	0.969 3	0.969 9	0.970 6
1.9	0.971 3	0.971 9	0.972 6	0.973 2	0.973 8	0.974 4	0.975 0	0.975 6	0.976 1	0.976 7
2	0.977 2	0.977 8	0.978 3	0.978 8	0.979 3	0.979 8	0.980 3	0.980 8	0.981 2	0.981 7
2.1	0.982 1	0.982 6	0.983 0	0.983 4	0.983 8	0.984 2	0.984 6	0.985 0	0.985 4	0.985 7
2.2	0.986 1	0.986 4	0.986 8	0.987 1	0.987 5	0.987 8	0.988 1	0.988 4	0.988 7	0.989 0
2.3	0.989 3	0.989 6	0.989 8	0.990 1	0.990 4	0.990 6	0.990 9	0.991 1	0.991 3	0.991 6
2.4	0.991 8	0.992 0	0.992 2	0.992 5	0.992 7	0.992 9	0.993 1	0.993 2	0.993 4	0.993 6
2.5	0.993 8	0.994 0	0.994 1	0.994 3	0.994 5	0.994 6	0.994 8	0.994 9	0.995 1	0.995 2
2.6	0.995 3	0.995 5	0.995 6	0.995 7	0.995 9	0.996 0	0.996 1	0.996 2	0.996 3	0.996 4
2.7	0.996 5	0.996 6	0.996 7	0.996 8	0.996 9	0.997 0	0.997 1	0.997 2	0.997 3	0.997 4
2.8	0.997 4	0.997 5	0.997 6	0.997 7	0.997 7	0.997 8	0.997 9	0.997 9	0.998 0	0.998 1
2.9	0.998 1	0.998 2	0.998 2	0.998 3	0.998 4	0.998 4	0.998 5	0.998 5	0.998 6	0.998 6
3	0.998 7	0.998 7	0.998 7	0.998 8	0.998 8	0.998 9	0.998 9	0.998 9	0.999 0	0.999 0
3.1	0.999 0	0.999 1	0.999 1	0.999 1	0.999 2	0.999 2	0.999 2	0.999 2	0.999 3	0.999 3
3.2	0.999 3	0.999 3	0.999 4	0.999 4	0.999 4	0.999 4	0.999 4	0.999 5	0.999 5	0.999 5
3.3	0.999 5	0.999 5	0.999 5	0.999 6	0.999 6	0.999 6	0.999 6	0.999 6	0.999 6	0.999 7
3.4	0.999 7	0.999 7	0.999 7	0.999 7	0.999 7	0.999 7	0.999 7	0.999 7	0.999 7	0.999 8

卡方分布表

$$P\{\chi^2(n) > \chi^2_\alpha(n)\} = \alpha$$

n	a									
	0.995	0.99	0.975	0.95	0.9	0.1	0.05	0.025	0.01	0.005
1	0	0	0.001	0.004	0.016	2.706	3.843	5.025	6.637	7.882
2	0.01	0.02	0.051	0.103	0.211	4.605	5.992	7.378	9.21	10.597
3	0.072	0.115	0.216	0.352	0.584	6.251	7.815	9.348	11.344	12.837
4	0.207	0.297	0.484	0.711	1.064	7.779	9.488	11.143	13.277	14.86
5	0.412	0.554	0.831	1.145	1.61	9.236	11.07	12.832	15.085	16.748
6	0.676	0.872	1.237	1.635	2.204	10.645	12.592	14.44	16.812	18.548
7	0.989	1.239	1.69	2.167	2.833	12.017	14.067	16.012	18.474	20.276
8	1.344	1.646	2.18	2.733	3.49	13.362	15.507	17.534	20.09	21.954
9	1.735	2.088	2.7	3.325	4.168	14.684	16.919	19.022	21.665	23.587
10	2.156	2.558	3.247	3.94	4.865	15.987	18.307	20.483	23.209	25.188
11	2.603	3.053	3.816	4.575	5.578	17.275	19.675	21.92	24.724	26.755
12	3.074	3.571	4.404	5.226	6.304	18.549	21.026	23.337	26.217	28.3
13	3.565	4.107	5.009	5.892	7.041	19.812	22.362	24.735	27.687	29.817
14	4.075	4.66	5.629	6.571	7.79	21.064	23.685	26.119	29.141	31.319
15	4.6	5.229	6.262	7.261	8.547	22.307	24.996	27.488	30.577	32.799
16	5.142	5.812	6.908	7.962	9.312	23.542	26.296	28.845	32	34.267
17	5.697	6.407	7.564	8.682	10.085	24.769	27.587	30.19	33.408	35.716
18	6.265	7.015	8.231	9.39	10.865	25.989	28.869	31.526	34.805	37.156
19	6.843	7.632	8.906	10.117	11.651	27.203	30.143	32.852	36.19	38.58
20	7.434	8.26	9.591	10.851	12.443	28.412	31.41	34.17	37.566	39.997
21	8.033	8.897	10.283	11.591	13.24	29.615	32.67	35.478	38.93	41.399
22	8.643	9.542	10.982	12.338	14.042	30.813	33.924	36.781	40.289	42.796
23	9.26	10.195	11.688	13.09	14.848	32.007	35.172	38.075	41.637	44.179
24	9.886	10.856	12.401	13.848	15.659	33.196	36.415	39.364	42.98	45.558
25	10.519	11.523	13.12	14.611	16.473	34.381	37.652	40.646	44.313	46.925
26	11.16	12.198	13.844	15.379	17.292	35.563	38.885	41.923	45.642	48.29
27	11.807	12.878	14.573	16.151	18.114	36.741	40.113	43.194	46.962	49.642
28	12.461	13.565	15.308	16.928	18.939	37.916	41.337	44.461	48.278	50.993
29	13.12	14.256	16.147	17.708	19.768	39.087	42.557	45.772	49.586	52.333
30	13.787	14.954	16.791	18.493	20.599	40.256	43.773	46.979	50.892	53.672
31	14.457	15.655	17.538	19.28	21.433	41.422	44.985	48.231	52.19	55
32	15.134	16.362	18.291	20.072	22.271	42.585	46.194	49.48	53.486	56.328
33	15.814	17.073	19.046	20.866	23.11	43.745	47.4	50.724	54.774	57.646
34	16.501	17.789	19.806	21.664	23.952	44.903	48.602	51.966	56.061	58.964
35	17.191	18.508	20.569	22.465	24.796	46.059	49.802	53.203	57.34	60.272
36	17.887	19.233	21.336	23.269	25.643	47.212	50.998	54.437	58.619	61.581
37	18.584	19.96	22.105	24.075	26.492	48.363	52.192	55.667	59.891	62.88
38	19.289	20.691	22.878	24.884	27.343	49.513	53.384	56.896	61.162	64.181
39	19.994	21.425	23.654	25.695	28.196	50.66	54.572	58.119	62.426	65.473
40	20.706	22.164	24.433	26.509	29.05	51.805	55.758	59.342	63.691	66.766

附录 4

t 分布表

$$P\{t(n) > t_\alpha(n)\} = \alpha$$

n	α						
	0.2	0.15	0.1	0.05	0.025	0.01	0.005
1	1.376	1.963	3.077 7	6.313 8	12.706 2	31.820 7	63.657 4
2	1.061	1.386	1.885 6	2.920 0	4.302 7	6.964 6	9.924 8
3	0.978	1.25	1.637 7	2.353 4	3.182 4	4.540 7	5.840 9
4	0.941	1.19	1.533 2	2.131 8	2.776 4	3.746 9	4.604 1
5	0.92	1.156	1.475 9	2.015 0	2.570 6	3.364 9	4.032 2
6	0.906	1.134	1.439 8	1.943 2	2.446 9	3.142 7	3.707 4
7	0.896	1.119	1.414 9	1.894 6	2.364 6	2.998 0	3.499 5
8	0.889	1.108	1.396 8	1.859 5	2.306 0	2.896 5	3.355 4
9	0.883	1.1	1.383 0	1.833 1	2.262 2	2.821 4	3.249 8
10	0.879	1.093	1.372 2	1.812 5	2.228 1	2.763 8	3.169 3
11	0.876	1.088	1.363 4	1.795 9	2.201 0	2.718 1	3.105 8
12	0.873	1.083	1.356 2	1.782 3	2.178 8	2.681 0	3.054 5
13	0.87	1.079	1.350 2	1.770 9	2.160 4	2.650 3	3.012 3
14	0.868	1.076	1.345 0	1.761 3	2.144 8	2.624 5	2.976 8
15	0.866	1.074	1.340 6	1.753 1	2.131 5	2.602 5	2.946 7
16	0.865	1.071	1.336 8	1.745 9	2.119 9	2.583 5	2.920 8
17	0.863	1.069	1.333 4	1.739 6	2.109 8	2.566 9	2.898 2
18	0.862	1.067	1.330 4	1.734 1	2.100 9	2.552 4	2.878 4
19	0.861	1.066	1.327 7	1.729 1	2.093 0	2.539 5	2.860 9
20	0.86	1.064	1.325 3	1.724 7	2.086 0	2.528 0	2.845 3
21	0.859	1.063	1.323 2	1.720 7	2.079 6	2.517 7	2.831 4

n	α						
	0.2	0.15	0.1	0.05	0.025	0.01	0.005
22	0.858	1.061	1.321 2	1.717 1	2.073 9	2.508 3	2.818 8
23	0.858	1.06	1.319 5	1.713 9	2.068 7	2.499 9	2.807 3
24	0.857	1.059	1.317 8	1.710 9	2.063 9	2.492 2	2.796 9
25	0.856	1.058	1.316 3	1.708 1	2.059 5	2.485 1	2.787 4
26	0.856	1.058	1.315 0	1.705 6	2.055 5	2.478 6	2.778 7
27	0.855	1.057	1.313 7	1.703 3	2.051 8	2.472 7	2.770 7
28	0.855	1.056	1.312 5	1.701 1	2.048 4	2.467 1	2.763 3
29	0.854	1.055	1.311 4	1.699 1	2.045 2	2.462 0	2.756 4
30	0.854	1.055	1.310 4	1.697 3	2.042 3	2.457 3	2.750 0
31	0.853 5	1.054 1	1.309 5	1.695 5	2.039 5	2.452 8	2.744 0
32	0.853 1	1.053 6	1.308 6	1.693 9	2.036 9	2.448 7	2.738 5
33	0.852 7	1.053 1	1.307 7	1.692 4	2.034 5	2.444 8	2.733 3
34	0.852 4	1.052 6	1.307 0	1.690 9	2.032 2	2.441 1	2.728 4
35	0.852 1	1.052 1	1.306 2	1.689 6	2.030 1	2.437 7	2.723 8
36	0.851 8	1.051 6	1.305 5	1.688 3	2.028 1	2.434 5	2.719 5
37	0.851 5	1.051 2	1.304 9	1.687 1	2.026 2	2.431 4	2.715 4
38	0.851 2	1.050 8	1.304 2	1.686 0	2.024 4	2.428 6	2.711 6
39	0.851 0	1.050 4	1.303 6	1.684 9	2.022 7	2.425 8	2.707 9
40	0.850 7	1.050 1	1.303 1	1.683 9	2.021 1	2.423 3	2.704 5
41	0.850 5	1.049 8	1.302 5	1.682 9	2.019 5	2.420 8	2.701 2
42	0.850 3	1.049 4	1.302 0	1.682 0	2.018 1	2.418 5	2.698 1
43	0.850 1	1.049 1	1.301 6	1.681 1	2.016 7	2.416 3	2.695 1
44	0.849 9	1.048 8	1.301 1	1.680 2	2.015 4	2.414 1	2.692 3
45	0.849 7	1.048 5	1.300 6	1.679 4	2.014 1	2.412 1	2.689 6

F 分布表

$$P\{F(n_1,n_2)>F_\alpha(n_1,n_2)\}=\alpha.$$

$\alpha=0.10$

n_2	n_1										
	1	2	3	4	5	6	7	8	12	24	∞
1	39.86	49.5	53.59	55.83	57.24	58.2	58.91	59.44	60.71	62	63.33
2	8.53	9	9.16	9.24	9.29	9.33	9.35	9.37	9.41	9.45	9.49
3	5.54	5.46	5.39	5.34	5.31	5.28	5.27	5.25	5.22	5.18	5.13
4	4.54	4.32	4.19	4.11	4.05	4.01	3.98	3.95	3.9	3.83	3.76
5	4.06	3.78	3.62	3.52	3.45	3.4	3.37	3.34	3.27	3.19	3.1
6	3.78	3.46	3.29	3.18	3.11	3.05	3.01	2.98	2.9	2.82	2.72
7	3.59	3.26	3.07	2.96	2.88	2.83	2.78	2.75	2.67	2.58	2.47
8	3.46	3.11	2.92	2.81	2.73	2.67	2.62.	2.59	2.5	2.4	2.29
9	3.36	3.01	2.81	2.69	2.61	2.55	2.51	2.47	2.38	2.28	2.16
10	3.29	2.92	2.73	2.61	2.52	2.46	2.41	2.38	2.28	2.18	2.06
11	3.23	2.86	2.66	2.54	2.45	2.39	2.34	2.3	2.21	2.1	1.97
12	3.18	2.81	2.61	2.48	2.39	2.33	2.28	2.24	2.15	2.04	1.9
13	3.14	2.76	2.56	2.43	2.35	2.28	2.23	2.2	2.1	1.98	1.85
14	3.1	2.73	2.52	2.39	2.31	2.24	2.19	2.15	2.05	1.94	1.8
15	3.07	2.7	2.49	2.36	2.27	2.21	2.16	2.12	2.02	1.9	1.76
16	3.05	2.67	2.46	2.33	2.24	2.18	2.13	2.09	1.99	1.87	1.72
17	3.03	2.64	2.44	2.31	2.22	2.15	2.1	2.06	1.96	1.84	1.69
18	3.01	2.62	2.42	2.29	2.2	2.13	2.08	2.04	1.93	1.81	1.66
19	2.99	2.61	2.4	2.27	2.18	2.11	2.06	2.02	1.91	1.79	1.63
20	2.97	2.59	2.38	2.25	2.16	2.09	2.04	2	1.89	1.77	1.61
21	2.96	2.57	2.36	2.23	2.14	2.08	2.02	1.98	1.87	1.75	1.59
22	2.95	2.56	2.35	2.22	2.13	2.06	2.01	1.97	1.86	1.73	1.57
23	2.94	2.55	2.34	2.21	2.11	2.05	1.99	1.95	1.84	1.72	1.55
24	2.93	2.54	2.33	2.19	2.1	2.04	1.98	1.94	1.83	1.7	1.53
25	2.92	2.53	2.32	2.18	2.09	2.02	1.97	1.93	1.82	1.69	1.52
26	2.91	2.52	2.31	2.17	2.08	2.01	1.96	1.92	1.81	1.68	1.5
27	2.9	2.51	2.3	2.17	2.07	2	1.95	1.91	1.8	1.67	1.49
28	2.89	2.5	2.29	2.16	2.06	2	1.94	1.9	1.79	1.66	1.48
29	2.89	2.5	2.28	2.15	2.06	1.99	1.93	1.89	1.78	1.65	1.47
30	2.88	2.49	2.28	2.14	2.05	1.98	1.93	1.88	1.77	1.64	1.46
40	2.84	2.44	2.23	2.09	2	1.93	1.87	1.83	1.71	1.57	1.38
60	2.79	2.39	2.18	2.04	1.95	1.87	1.82	1.77	1.66	1.51	1.29
120	2.75	2.35	2.13	1.99	1.9	1.82	1.77	1.72	1.6	1.45	1.19
∞	2.71	2.3	2.08	1.94	1.85	1.77	1.72	1.67	1.55	1.38	1

$\alpha = 0.05$ 续表

n_2	n_1										
	1	2	3	4	5	6	7	8	12	24	∞
1	161	200	216	225	230	234	237	239	244	249	254
2	18.5	19	19.2	19.2	19.3	19.3	19.4	19.4	19.4	19.5	19.5
3	10.1	9.55	9.28	9.12	9.01	8.94	8.89	8.85	8.74	8.64	8.53
4	7.71	6.94	6.59	6.39	6.26	6.16	6.09	6.04	5.91	5.77	5.63
5	6.61	5.79	5.41	5.19	5.05	4.95	4.88	4.82	4.68	4.53	4.36
6	5.99	5.14	4.76	4.53	4.39	4.28	4.21	4.15	4	3.84	3.67
7	5.59	4.74	4.35	4.12	3.97	3.87	3.79	3.73	3.57	3.41	3.23
8	5.32	4.46	4.07	3.84	3.69	3.58	3.5	3.44	3.28	3.12	2.93
9	5.12	4.26	3.86	3.63	3.48	3.37	3.29	3.23	3.07	2.9	2.71
10	4.96	4.1	3.71	3.48	3.33	3.22	3.14	3.07	2.91	2.74	2.54
11	4.84	3.98	3.59	3.36	3.2	3.09	3.01	2.95	2.79	2.61	2.4
12	4.75	3.89	3.49	3.26	3.11	3	2.91	2.85	2.69	2.51	2.3
13	4.67	3.81	3.41	3.18	3.03	2.92	2.83	2.77	2.6	2.42	2.21
14	4.6	3.74	3.34	3.11	2.96	2.85	2.76	2.7	2.53	2.35	2.13
15	4.54	3.68	3.29	3.06	2.9	2.79	2.71	2.64	2.48	2.29	2.07
16	4.49	3.63	3.24	3.01	2.85	2.74	2.66	2.59	2.42	2.24	2.01
17	4.45	3.59	3.2	2.96	2.81	2.7	2.61	2.55	2.38	2.19	1.96
18	4.41	3.55	3.16	2.93	2.77	2.66	2.58	2.51	2.34	2.15	1.92
19	4.38	3.52	3.13	2.9	2.74	2.63	2.54	2.48	2.31	2.11	1.88
20	4.35	3.49	3.1	2.87	2.71	2.6	2.51	2.45	2.28	2.08	1.84
21	4.32	3.47	3.07	2.84	2.68	2.57	2.49	2.42	2.25	2.05	1.81
22	4.3	3.44	3.05	2.82	2.66	2.55	2.46	2.4	2.23	2.03	1.78
23	4.28	3.42	3.03	2.8	2.64	2.53	2.44	2.37	2.2	2.01	1.76
24	4.26	3.4	3.01	2.78	2.62	2.51	2.42	2.36	2.18	1.98	1.73
25	4.24	3.39	2.99	2.76	2.6	2.49	2.4	2.34	2.16	1.96	1.71
26	4.23	3.37	2.98	2.74	2.59	2.47	2.39	2.32	2.15	1.95	1.69
27	4.21	3.35	2.96	2.73	2.57	2.46	2.37	2.31	2.13	1.93	1.67
28	4.2	3.34	2.95	2.71	2.56	2.45	2.36	2.29	2.12	1.91	1.65
29	4.18	3.33	2.93	2.7	2.55	2.43	2.35	2.28	2.1	1.9	1.64
30	4.17	3.32	2.92	2.69	2.53	2.42	2.33	2.27	2.09	1.89	1.62
40	4.08	3.23	2.84	2.61	2.45	2.34	2.25	2.18	2	1.79	1.51
60	4	3.15	2.76	2.53	2.37	2.25	2.17	2.1	1.92	1.7	1.39
120	3.92	3.07	2.68	2.45	2.29	2.17	2.09	2.02	1.83	1.61	1.25
∞	3.84	3	2.6	2.37	2.21	2.1	2.01	1.94	1.75	1.52	1

$$\alpha = 0.025$$

n_2	n_1										
	1	2	3	4	5	6	7	8	12	24	∞
1	648	800	864	900	922	937	948	957	977	997	1 020
2	38.5	39	39.2	39.2	39.3	39.3	39.4	39.4	39.4	39.5	39.5
3	17.4	16	15.4	15.1	14.9	14.7	14.6	14.5	14.3	14.1	13.9
4	12.2	10.6	9.98	9.6	9.36	9.2	9.07	8.98	8.75	8.51	8.26
5	10	8.43	7.76	7.39	7.15	6.98	6.85	6.76	6.52	6.28	6.02
6	8.81	7.26	6.6	6.23	5.99	5.82	5.7	5.6	5.37	5.12	4.85
7	8.07	6.54	5.89	5.52	5.29	5.12	4.99	4.9	4.67	4.42	4.14
8	7.57	6.06	5.42	5.05	4.82	4.65	4.53	4.43	4.2	3.95	3.67
9	7.21	5.71	5.08	4.72	4.48	4.32	4.2	4.1	3.87	3.61	3.33
10	6.94	5.46	4.83	4.47	4.24	4.07	3.95	3.85	3.62	3.37	3.08
11	6.72	5.26	4.63	4.28	4.04	3.88	3.76	3.66	3.43	3.17	2.88
12	6.55	5.1	4.47	4.12	3.89	3.73	3.61	3.51	3.28	3.02	2.72
13	6.41	4.97	4.35	4	3.77	3.6	3.48	3.39	3.15	2.89	2.6
14	6.3	4.86	4.24	3.89	3.66	3.5	3.38	3.29	3.05	2.79	2.49
15	6.2	4.77	4.15	3.8	3.58	3.41	3.29	3.2	2.96	2.7	2.4
16	6.12	4.69	4.08	3.73	3.5	3.34	3.22	3.12	2.89	2.63	2.32
17	6.04	4.62	4.01	3.66	3.44	3.28	3.16	3.06	2.82	2.56	2.25
18	5.98	4.56	3.95	3.61	3.38	3.22	3.1	3.01	2.77	2.5	2.19
19	5.92	4.51	3.9	3.56	3.33	3.17	3.05	2.96	2.72	2.45	2.13
20	5.87	4.46	3.86	3.51	3.29	3.13	3.01	2.91	2.68	2.41	2.09
21	5.83	4.42	3.82	3.48	3.25	3.09	2.97	2.87	2.64	2.37	2.04
22	5.79	4.38	3.78	3.44	3.22	3.05	2.93	2.84	2.6	2.33	2
23	5.75	4.35	3.75	3.41	3.18	3.02	2.9	2.81	2.57	2.3	1.97
24	5.72	4.32	3.72	3.38	3.15	2.99	2.87	2.78	2.54	2.27	1.94
25	5.69	4.29	3.69	3.35	3.13	2.97	2.85	2.75	2.51	2.24	1.91
26	5.66	4.27	3.67	3.33	3.1	2.94	2.82	2.73	2.49	2.22	1.88
27	5.63	4.24	3.65	3.31	3.08	2.92	2.8	2.71	2.47	2.19	1.85
28	5.61	4.22	3.63	3.29	3.06	2.9	2.78	2.69	2.45	2.17	1.83
29	5.59	4.2	3.61	3.27	3.04	2.88	2.76	2.67	2.43	2.15	1.81
30	5.57	4.18	3.59	3.25	3.03	2.87	2.75	2.65	2.41	2.14	1.79
40	5.42	4.05	3.46	3.13	2.9	2.74	2.62	2.53	2.29	2.01	1.64
60	5.29	3.93	3.34	3.01	2.79	2.63	2.51	2.41	2.17	1.88	1.48
120	5.15	3.8	3.23	2.89	2.67	2.52	2.39	2.3	2.05	1.76	1.31
∞	5.02	3.69	3.12	2.79	2.57	2.41	2.29	2.19	1.94	1.64	1